姜恩宇 著

海南岛
原野生态
考察记

中华书局

# 欢迎来到人类纪

(写在前面的话)

什么是人类纪？简单地说就是人类主宰地球的世纪。

地球从诞生至今，已经有几十亿年的历史了，它经历了寒武纪、奥陶纪、三叠纪……除了地质学家，老百姓对这个纪、那个纪很难弄清楚，不过一说侏罗纪，大家就有点明白了，因为有一部叫《侏罗纪公园》的电影，很多人都看过，讲的就是地球在叫做"侏罗纪"这个时期是什么样子的——大概就是植被很好、恐龙很多。地球经历的各个不同的"纪"，有的冷、有的热，有时动植物繁茂生长、有时物种大灭绝，但各个"纪"却有共同的一点，那就是所有这些变迁都是由大自然主宰的，期间的所有生物都只能去适应当时的环境以求生存，而不能改变它。

人类也只是大自然进化出的一个物种而已。在漫漫的历史长河中，人类的祖先猩猩、猿猴也和其他所有的动物一样，整天为吃饱肚子、为躲避天敌的捕食、为繁衍后代而忙碌。但"人猿相揖别，只几块石头磨过"，古代猩猩猿猴敲打了石头以后情况大变，他们有了自主意识、开始为了自己生活得更舒爽而改造自然，一路发展而来，在与地球几十亿年的年龄相比只能算是"一瞬间"的时间里，就成了现今藐视一切、改造自然、上天下海无所不能的人类。所以科学家把当下的时代定义为人类纪。

但是人类在为追求舒适生活而改造自然的过程中，只顾往前跑、努力地进行改造工作，却在开始的时候忘了思考一个重要的问题——这种改造可以无休止地进行下去吗？

由于考虑不周，现在遇到了大麻烦。人们不停地忙着造桥、修路、建水坝、挖山建城、填海造地、燃烧矿物能源……水资源、空气、食品、甚至连土地都受到日益严重的污染，森林、河流、湿地等等天然的地貌在大量减少和退化，一片片水泥森林在世界各地涌现，地球温室效应日益显现，人类的活动在地球的地质和生态圈中已经开始起到主导作用。麻烦在于，这种作用对地球生态系统而言在许多方面是负作用。

现在，世界各国的许多科学家和有识之士已经认识到人类给自己找的这些麻烦必须要纠正、改善，否则人类很可能毁灭在自己手里。于是就有了湿地日、水日、爱鸟日、地球日、无车日等等众多的"日"，在不同的"日"里，人们聚集在广场、公园等地，拉起横幅、在上面签名画押，大喇叭分别播放着节约用水、少开车、爱护小鸟等说辞，热闹一阵。

然而仅有这些是不够的。人类需要增加一些对大自然的敬畏心，不要忘记人也仅仅只是地球生态系统的一分子而非主宰；减少一些对财富的贪婪心，常常想想"一日不过三餐，夜眠不过五尺"的古训，不能由着性子想干什么就干什么。

我在热带雨林考察时的营地

我们已经进入了人类纪，没有回头路可走。人们一边得益于技术进步、科技发展所带来的物质享受，一边品尝着大范围环境退化和污染所造成的恶果而无处躲藏，有些地方甚至连呼吸一口新鲜空气都成了奢望。人类过去犯下的错误无法挽回，但前人走过的弯路后人不应该再重复。亡羊补牢犹未为晚，建设天蓝、水清、空气纯净的美丽中国，我们需要从自己身边的一件件小事做起，更需要有一颗不要过分贪婪的平常心。

姜恩宇

2014年3月

热带雨林中的蜘蛛网

各种蝴蝶聚集在小溪边吸水以补充必要的矿物质　五指山保护区

# 目 录

欢迎来到人类纪 ——— 002

作者手记 ——— 302

令我震惊的森林 ——— 014
探秘鹦哥岭 ——— 018
曾经的海南原野 ——— 044
幸运的海南坡鹿 ——— 062
雨林精灵长臂猿 ——— 076
发现圆鼻巨蜥 ——— 094
巨蟒的幸福生活 ——— 101
海南蝶影 ——— 108
黄猄蚁的故事 ——— 120
潮起潮落红树林 ——— 128
海岸青皮林 ——— 146
石灰岩上的雨林 ——— 150
雨林的血液 ——— 160
蘑菇和真菌 ——— 172
生存之道 ——— 180
雨林中的杀戮 ——— 192
坚强的小虫 ——— 202
奇妙的生物链 ——— 220
高峰和道银 ——— 228
海岛调查记 ——— 250
南沙巡航 ——— 278
踏访海岸线 ——— 290

雾霭笼罩中的雨林　五指山保护区

# 令我震惊的森林

我第一次走进热带雨林，是1986年6月在西藏林芝地区雅鲁藏布江大拐弯处的墨脱县。由于沿着雅鲁藏布江河谷北上的印度洋暖湿气流的影响，那里生长着一片热带雨林的"飞地"，是地球上热带雨林生长纬度最高的地方。我以前从来没有见过那样的森林，我被那些长满苔藓的参天巨树、开满林中的各色花朵、众多的棕榈科阔叶植物、若隐若现、色彩各异的昆虫和小动物以及阴暗、潮湿、寂静、沉闷的雨林环境所震慑，感到奇妙无比，不可思议。

热带雨林，是生长在热带地区的一种特殊的森林系统。它明显地不同于其他的森林，林中树种众多，林相复杂，林冠凸凹不平，层次不清，树干光滑色浅、树皮薄而且多为绿色，板状根发达，附生植物茂盛，藤本植物品种多数量大，棕榈科阔叶植物茂盛，落叶植物极少，植物气根发达，林中一年四季花果常有，等等。因为结构复杂，它也是众多动物的理想栖息场所。热带雨林是地球上最复杂和重要的陆地生态系统，不仅生物物种数量巨大，吸收大气中二氧化碳的能力也十分突出，被人们形象地称为"地球之肺"。

在世界范围内，热带雨林主要分布在北纬20度线和南纬20度线之间，大致集中在三个地区：南美洲和中美洲的热带雨林最大，包括巴西、玻利维亚、哥伦比亚、巴拿马、墨西哥等地；非洲的热带雨林最

向导罗布藏(左)和我在前往西藏墨脱县途中准备翻越多雄拉雪山　摄于1986年6月

雅鲁藏布江河谷的热带雨林　摄于1986年6月

西藏墨脱县的热带雨林　摄于1986年6月

清晨采食的蚂蚁　五指山保护区

卷萼兜兰　尖峰岭保护区

小，主要集中在刚果河流域及马达加斯加；亚洲和大洋洲的热带雨林零星分散，印度、马来西亚、印度尼西亚、巴布亚新几内亚、苏门达腊、越南、泰国等地都有分布。在中国，热带雨林仅分布在海南岛和云南的南部，台湾岛、广西、西藏等地也有少量分布，但面积还不到世界热带雨林总面积的1%。海南岛的原始热带雨林由于分布广泛、类型丰富，被专家称为是中国最有代表性的热带雨林，平均每平方米地面生长植物达100种以上，堪称是中国原始热带雨林的缩影。热带雨林虽然只占地球陆地面积的7%左右，但是却集中了世界物种总数的50%，陆地上80%以上的昆虫和90%以上的灵长类动物都集中在热带雨林中。热带雨林为人类提供了大量的木材和林副产品，保护了人类赖以生存和生产的自然环境，维持着地球生态的平衡。其实，在科学技术高度发达、人类已经登上月球、迈向火星的太空时代，近在我们眼前的热带雨林，尚有大量的神秘生物是人类还未曾了解和研究的，还需要人类付出大量的努力去认识它们。

如此神奇的森林，如此丰富的生物多样性，引起了我强烈的好奇心。来到海南岛工作以后，我终于有了就近观察、了解和研究热带雨林的机会。

鹦哥岭主峰下海拔1300米处的完美沟谷雨林

# 探秘鹦哥岭

2003年3月，我随海南省林业局组织的综合科考队走进了海南岛中南部黎母山脉的鹦哥岭原始热带雨林。

海南岛的原始热带雨林，在上个世纪五十年代初约有八十至九十万公顷，后来随着人类的过量采伐和当地少数民族刀耕火种的不断开垦，面积大幅减少，而且大多数已经是次生林和残林，真正未受到人类活动破坏的原始热带雨林都集中在偏远、交通不便的深山大谷里。比如鹦哥岭原始热带雨林，就是当时新发现的我国面积最大的一片尚未遭受人类活动影响和破坏的原生热带雨林，位于海南岛乐东、琼中、白沙和五指山四市县之间的深山之中，面积达250余平方公里，其科研和生态价值均十分重要。

这次考察，是海南省建省以来规模最大的一次综合性热带雨林科学考察。考察队由中国科学院植物研究所和动物研究所、海南省林业局、香港嘉道理农场暨植物园、广州华南濒危动物研究所、海南大学、海南师范大学等机构的20多名教授、研究员、博士等专业人士组成，学科包括动物、植物、森林生态等等，阵容强大而豪华。我们的考察区域在鹦哥岭山脉第二高峰、海拔1540多米的马或岭一带，考察队一号营地设在海拔1300米的一处高山台地上。

3月20日，鹦哥岭热带雨林综合科学考察队20余人乘车从海口市

我们开着北京吉普向考察区域挺进

出发，沿着海南环岛公路向西行驶，用半天的时间来到白沙县城牙叉镇，与已经到达的先遣队员汇合。从这里再到考察的目的地鹦哥岭林区，就只有简陋的山间公路了，距离我们考察的前进基地南开乡什富黎族村约有50公里的路程。我们直奔热带雨林而去。汽车一进入林区公路，莽莽苍苍的大森林就给人一种神秘的感觉：四处的鸟叫声不绝于耳，可是看不到一只鸟的身影；丝丝潮湿的凉气扑面袭人，又没有下雨。威严的雨林就像一堵厚实的绿色墙壁，把它所有的秘密紧紧地包藏着。

车到南开乡，再往前边20公里处的什富村走，就没有路了，只能沿着南渡江上游一条支流的河床前进。我们乘坐的进口三菱、丰田等SUV多功能车也没法行驶，大家换乘几辆老式的212北京吉普，每辆车上都挤进六七个人，还有大包小包的行李用品。这些高龄的212吉普车虽然不堪重负，仍然勇敢顽强地冲进了河道，一会儿在水里一会儿

出发考察前我和技术人员一起调试海事卫星电话和发稿系统

在河滩的卵石上吃力地前进，车厢里都是水。因为浸水损坏了车子的电路，走到天黑一开车灯，我乘坐的这辆车的两只大灯的灯泡就全烧了，只好由坐车的人用手电筒照明，在泥水里慢慢地爬行，这20公里的"路"整整用了3个半小时，我们才到了什富村。这个黎族小村庄在海南岛第一大河南渡江的上游，只有28户人家170多口人，吃的口粮是自己种的水稻，此外还种植有少量的橡胶，当时每人的年收入只有200元左右，十分贫困。小村庄完全处在热带雨林的怀抱里，没有电，没有电视，没有煤气和自来水，也没有电话和手机信号，甚至连我携带的海事卫星电话在这里架起天线也找不到信号，真是和一切现代社会的东西绝缘。我们从车上搬下大米、罐头、咸菜，还有帐篷睡袋等生活用品、考察设备，以及我的摄影器材，准备第二天徒步进山前往一号考察营地。

3月21日早晨，考察队员们背上行囊走进了雨林。

在我们使用的1:50000的大比例尺地图上看,从山脚下的什富村到马或岭山脉中部,等高线密密麻麻一条紧挨着一条,说明山坡很陡。出村走进雨林,我们一直沿着约有30度左右的山坡往上爬。

如果是一个人进入雨林,你会感到孤独、害怕和个人的渺小,产生敬畏之心。因为热带雨林太浩瀚、太浓郁、太神秘,太无情而且太幽暗了,你在它的怀抱里实在是微不足道,你的判断能力会受到很大影响,所以进入雨林一定要有向导和同行的人壮胆,以免发生不测。

鹦哥岭的原始热带雨林和海南岛尖峰岭、五指山、吊罗山、霸王岭等其他原始雨林一样,大多数属于热带山地雨林和沟谷雨林。在这种热带雨林中,植物的垂直分布特点比较明显。从海拔300多米到1000米左右,是热带雨林最主要的部分:在两面或三面环山的地方是热带沟谷雨林,山脊是山地雨林,而它们往往是混杂在一起的,并没有明显的界限。林中终年潮湿、水雾弥漫、难见日光,林木高大密集,树种十分繁杂。这里的雨林内植物生长形态复杂,最上层是高大的乔木,高达三四十米,参差不齐,层层叠叠,一眼望不到顶。海南岛出产的优质造船、上等家具、高级建筑等用材林如子京、野荔枝、鸡毛松、坡垒、陆均松、花梨木等均出产在热带雨林中。下层树木生长不明显,主要是高大乔木更新后的幼树和一些小乔木组成,而由于雨林里十分阴暗潮湿,草本植物生长并不旺盛。此外,各种木质藤本植物在林间缠绕生长,横七竖八地从各处伸出,有的悬挂于空中,有的匍匐于地面,在林间造成各种障碍,人在林间行走十分困难。众多的附生植物生长也十分茂盛,它们大都附生在各种乔木的树干、枝桠甚至树叶上,于是雨林里便有许多树上长树、树上长草开花的奇观,形成热带雨林中的"空中花园"景观。这种附生植物的种类很难划分和统计,仅各种蕨类植物在鹦哥岭就达200种以上,还有很多野生热带兰花。这些附生植物不属于雨林的任何一个层次,被植物学家们称为"层间植物"或"层外植物"。海南岛的4600多种维管束植物,绝大部分都生长在热带雨林里,其中海南岛特有的就有500多种,列为国家

考察区域图

珍贵用材林树种的有206种,它们都具有材质坚韧、色泽鲜艳、经久不腐、久不变形的特点,有些木材甚至用铁钉都难钉入。我以前在尖峰岭林区采访时听老林业工人讲,他们过去采伐林木,遇到坚硬的树种,油锯锯上去都会打出火星来,真叫人不可思议。

在潮湿的沟谷地带,棕榈科的植物分布普遍,形状不一的蕨类、阔叶植物随处可见。由于有充分的水分和高效的生物循环机制,就连蕨类植物也可以长成大树状。在海拔三四百米以下,就是热带常绿季雨林,多为林区的外缘,干湿季较明显,林相相对简单,较容易通行。而落叶和半落叶季雨林多分布在丘陵地带,以次生林为主,是被破坏后自然演变出的类型。

从阳光下走入雨林里,就好像在艳阳天一下子戴上了墨镜,光线立刻暗了好多。密林中没有路,我们一会顺着山脊,一会沿着水沟慢慢前进,前边开路的队员需不时用砍刀砍掉挡路的树枝、藤蔓。考察队员每走百十米就用GPS定位仪确定方位和海拔高度并标注在地图

探秘鹦哥岭 023

梁伟（左）在林中录制鸟鸣声

张宪春研究员采集植物标本

上。不到半小时，潮湿闷热的雨林就让我们汗流浃背。不过这些都不要紧，奇异的雨林景观让我得到了很好的补偿。队员们边走边工作，更是收获不小。

参加考察的海南师范大学鸟类学博士梁伟，仅在前往一号营地的途中就记录到包括国家一级保护动物海南山鹧鸪、孔雀雉等在内的近30余种珍贵鸟类。梁伟被人们称为"鸟人"，他的绝活是能根据各种鸟的鸣叫声准确判断出近100种鸟类。他告诉我，在他以往所进行的多次林区野外考察中，第一天进入考察区域就记录到这么多珍贵鸟类的情况还没有过。同是第一天，也让参加考察的中科院植物研究所首席研究员张宪春和他的学生董仕勇博士兴奋不已。张宪春是我国蕨类植物研究的权威学者，在进山途中他们师徒二人不停地拍摄照片和采集标本，他说初步估计就记录到100种以上的蕨类植物，可喜的是有一种蕨类很可能是新品种新发现，因野外检测条件所限无法准确判断，要留到返回北京后在实验室中验证。兽类组的专家发现、记录到海南鼯鼠、猕猴等5种兽类，而两栖爬行组的专家在路上也发现了粉链蛇、平胸龟等8种动物，采集了平胸龟的标本。两栖爬行类动物考察组的陈辈乐博士告诉我，因为龟是行动缓慢的动物，很容易被抓到，在这里第一天能看到野生龟的活动是很好的先兆，说明这里的雨林生态保持很

江海声研究员（中）在营地召开考察工作会

完好。蝴蝶昆虫等等更是不少。前往营地途中的这些发现让考察的专家们兴奋了起来，说明马或岭一带的热带雨林很有内容，考察可能会有较大收获。

  我们沿着陡坡爬行到海拔800多米的高度，山势开始变得平缓，到达马或岭的一号考察营地已经是下午4点多了，短短6公里的路程用了七八个小时才走完。这个营地设在海拔1300米的一处山间台地上，坐标是北纬18度57分12秒，东经109度23分05秒，营地旁边有一条不大的溪流缓缓流过。专家们认为，在这样接近山脉顶峰高度的地方，还有如此水量的常年流水，这本身就说明这里热带雨林的生态系统十分完好，水源涵养能力很强。海南岛的第一大河南渡江和第二大河昌化江都发源在鹦哥岭。

  来到营地，其实也就是一片稍稍平缓的林间沟谷空地，大家开始搭帐篷、整理设备、生火煮饭，准备明天的工作。因为雨水多地面很潮湿，考察队员们砍来一些竹子和小树，搭起一个离地面一尺高的台子，在台子的四周撒上一圈硫磺粉，以防虫、蛇的"偷袭"，我们各人的帐篷就支在这个台子上，然后上边再盖一层塑料布来防雨。做饭的"厨房"就是在帐篷旁边的大树下用塑料布搭起的一个小棚子，几块石头支上大铝锅即可。吃完考察营地的第一顿晚餐，本次科考队的队长兼技术顾问、华南濒危动物研究所研究员江海声召集大家开会，布置明天各个专业小组的行动路线，告诉大家考察的范围就在以营地为中心的80平方公里范围内，通告十几天的考察过程中的注意事项等。

  雨林的夜晚是喧闹的，甚至比白天更热闹，各种蛙鸣虫叫声不绝于耳，一夜不停，加上细雨不断地滴打在帐篷上叮咚作响，我们好像置身于混声大合唱的乐队之中，一整夜的免费欣赏。

  22日，我随考察队的植物考察组上山，去探察这块雨林的植物世界。

  在海南岛其它热带雨林林区，一般海拔较高的山顶都是山顶矮

伯乐树的花朵

林，林木生长比较低矮，树干干形多弯曲，其上多有苔藓类植物附生，鹦哥岭的情况却大不相同。离开营地，我们在密林里继续爬高，考察队的植物学家和森林生态学家们发现在这里直到接近山顶的部，陆均松、鸡毛松、油丹等高达三四十米的高大乔木生长良好。在海拔1350米的地方，考察队员用软尺量出一块600平方米的调查样方，经清点，胸径在0.5米以上的高大陆均松就达13棵，林下乔木、大小灌木、藤本植物、附生植物、棕榈科植物等生长茂密，林相十分完好，林中一些典型的热带雨林现象也很突出。

在一株粗大树干上结满了板栗大小的果实的大树前，植物组的海南大学教授杨小波告诉我，这是热带雨林中一种典型的植物生长现

热带雨林中巨大的植物板根

独木成林

象，叫老茎生花结果。我们知道，一般植物的花朵、果实都是生长在树木的新生枝条上，而热带雨林中的许多树种如榕树、木奶果、野黄皮等树种就不是这样，而是果实直接长在主干上，有些果实还相当大。再往前走，一棵胸径达一米以上的大树引起我的注意。这种树在雨林里不算很大，但奇在树身上下都被粗细不一的藤状物缠绕着，好像是有人专门编织上去的一样。杨教授说，这就是雨林中植物的绞杀现象，在这里表现得很典型。雨林中的高山榕等植物，它们的种子被鸟兽通过粪便带到其他树上，从附生于高大的乔木开始，生出很多气根在空中飘荡，慢慢地缠绕到附生的大树上，越缠越紧，阻止大树的养分输送，有些气根慢慢长大还会扎入泥土，和大树争夺养分，其枝条则爬上被附生植物的顶端争夺阳光，直到把被缠绕的大树杀死为止。热带雨林中这种植物绞杀现象比较普遍，行走在林间，经常可以看到被气根、藤蔓紧紧缠绕着的大树，就像一个个被五花大绑的汉子，在无奈地等待死亡。穿行在雨林中，我发现许多大树都在根部生长着几块三角形的板状树根，比如高山榕、野荔枝等等。这是其他森林中所从未见过的十分有趣的一种生物特性：在接近大树根部的地方，生出一块块形状如木板的三角形侧根，有的高达两三米，直立如屏风一般，成为热带雨林中的另一种奇特景观。还有一些树种长期适应热带雨林中潮湿多雨的生活环境，在进化过程中树叶的尖端形成长尾巴形状的滴水叶尖，以利于雨水流淌，很好看。高山榕树干粗壮，常常从树干、树枝上生出许多气根，这些气根有的长长了会拖到地面扎入泥土中，渐渐长成树干一样的支柱，一棵大树长出众多的气根支柱，慢慢就形成一片树林，这就是热带雨林中的独木成林景观。

  这一天，我跟着植物组的专家们在雨林里整整进行了8个多小时的考察，中午吃了各人分配的压缩饼干，每人所携带的一个军用水壶的开水早已喝完，大家口渴无奈，都在溪流里直接喝溪水，所有的人都是精疲力竭地回到了营地。植物组在考察中发现了三棵伯乐树，这在海南岛是第一次，因为这种树一般是生长在温带地区的，在热带发现意义很大，同时还发现了野生黄花梨的小苗，也叫植物专家们十分高兴，这一树种因为材质优良珍贵，价格极高，往往都是被偷采的人连根挖走，但是在这片森林里还有自然繁殖。

在各个考察组外出考察的时候，营地的后勤人员会烧好饭菜等大家回来吃饭。由于条件限制，我们的饮食比较简单，大米饭是管够，但是没有什么蔬菜，主要是土豆、萝卜和咸菜等，肉和鸡蛋都很稀罕，刚到考察点的头一两天就吃完了，往后的菜，几乎天天都是土豆、胡萝卜和咸菜。我们的考察营地虽然简陋，但却是这个考察大家庭的成员快乐的"家"。两排帐篷面对面搭建，因为雨水太多，在帐篷上边我们又搭了一片塑料布来防雨。即使是这样防范，每天到晚帐篷里还是湿漉漉的，人身上的衣服也从来没有干爽过。这时候，我带的几瓶"二锅头"老白酒和几个凤尾鱼罐头成了大家的宝贝。其实我平时也不是嗜酒之人，尤其是对高度的白酒兴趣不大，但是在潮湿的雨林里、在晚上没事干无聊的时候，白酒却是人人都喜欢的好东西，喝几口，可以驱除寒冷潮气，可以提高聊天的兴致。大家在烛光下吃着凤尾鱼喝着二锅头，聊聊考察的见闻、天南海北地神侃，别有一番情趣，寂寞的晚上很快就过去了。

在热带雨林中工作生活考察采访，最令人痛苦烦恼的就是山上的旱蚂蟥，学名叫山蛭。这些旱蚂蟥小的细若游丝，大的有火柴棍大小，颜色黑黄相间。它们平时蛰伏在草叶下、树枝上，一有人或动物走过就爬上来吸血。热带雨林里旱蚂蟥的分布密度相当大，在一些沟谷潮湿的地方，每平方米可达100条以上，令人防不胜防。我们虽然每天都穿着用密实的厚白布特制的防蚂蟥袜，袜筒长及膝盖，套在裤脚的外边再用绳子紧紧地扎住，但还是挡不住蚂蟥的攻击，有时候它会从树枝上爬到你身上，钻进脖子里咬人吸血。旱蚂蟥吸血时人并不觉得疼，但它们在吸血时可分泌一种溶血酶，使被咬的伤口血流不止，往往是等衣服上渗出了一片血迹时，才知道又被蚂蟥咬了。我们每天回到营地，第一件事就是脱光衣服，清除身上的蚂蟥。对付它们最好

我们的考察营地

鹦哥岭雨林中发现的新物种,后被命名为鹦哥岭树蛙

海南湍蛙

的办法就是用烟头烫，或者给它身上涂点酒精、盐水，它就会自动脱落了，而且必死无疑。

考察活动以一号营地为中心，各不同的专业组每天按不同的路线外出考察。

23日，我随"鸟人"梁伟博士一起进山，看看他们是如何在密林里寻找鸟类。梁伟在考察之前特意把自己过去考察中录到的各种鸟鸣声转录在录音机里，现在到林中拿出来一段一段播放，放出一种鸟的鸣叫声，过不多久，附近的林子里就会有相同的鸟叫声此起彼伏。梁伟解释道，现在正是鸟儿求偶的季节，为了保证繁殖期间各自的"地盘"和食物不受影响，本地鸟群对"外来户"的侵入特别敏感，听到叫声就想过来赶跑那些"入侵者"。在雨林中观察鸟类很困难，往往是只闻其声、不见其影，因为林木太茂密了，要想拍到满意的鸟类照片更是难上加难。我所携带使用的尼康2.8口径的300毫米镜头加1.4倍增距镜，已经算是镜头中的"重型武器"了，但是要想拍鸟还是远远不够。另外雨林中光线十分幽暗，就算是把相机的感光度调整到ISO1000以上，用镜头最大的光圈组合，也难有比较快的拍摄速度。所以，我们能看到的世界各地的鸟类图谱中，绝大多数都是用绘画来表现各种鸟的形状和生态，实体照片、尤其是野外鸟类生态照片十分稀少和珍贵。跟着梁伟他们在林中跑了一天，只是欣赏了各种鸟鸣，也远远地看到一些鸟影，拍摄却完全失败。

科学家们在考察中发现，鹦哥岭的野生动物们根据该地区的自然地理、植被分布的不同而明显地各有自己的活动区域、"势力范围"。

在沟谷雨林中，由于山间多溪流、瀑布和水潭，流溪型两栖爬行类动物多生活在这里，比如蛙类中海南特有种海南湍蛙、小湍蛙、锯腿小树蛙、红蹼树蛙等，龟类中的大头平胸龟、蛇类中的黑眉锦蛇、草腹链蛇等，眼镜王蛇和紫灰锦蛇等蛇类也经常喜欢到这里来捕食蛙类、蛇类等美食。鸟类中，红尾水鸲、黑背燕尾鸟是沟谷雨林的特征种，其他如海南柳莺、银胸丝冠鸟等等也常在沟谷雨林中出现。

在考察的第二天晚上，我和香港嘉道理中国保育的陈辈乐博士、广州华南濒危动物研究所的宋晓军博士两位两栖爬行动物专家一起，到驻地附近的一条水沟中去调查，因为青蛙、蛇类等两栖爬行动物主要是夜晚出来活动和求偶、觅食，所以陈博士他们的工作夜晚也不能停止。这天晚上，我对专家们的专业技能有了更深的领教。峡谷中的溪流水虽然不深，但是根本没有路，全是大大小小的卵石，由于雨林中空气湿度很大，每一块石头上都长满了厚厚的苔藓，又湿又滑，我自己拿着手电筒只能照着地面勉强走路，经常需手脚并用地攀爬，还不时滑倒，偶尔可以看到爬在石头表面的青蛙。可是陈博士和其他专家真是"火眼金睛"，他们顺着手电筒的光柱，能够看到十多米以外爬在树枝上的一只小小的树蛙，令我惊奇。

在漆黑一片的雨林里，我们打着手电筒顺着河沟慢慢前进，四周的蛙鸣声一刻也不停。我觉得很奇怪，在城里水塘或是农村的稻田边也经常有蛙鸣，但是只要有人走近发出响动，青蛙们的鸣叫声马上停止，可在这里它们怎么就一点也不怕人呢？就算你已经走到了一只青蛙的跟前，它还是呱呱地叫个不停，还有的青蛙就在水中交配。要是想捕捉青蛙也很简单，只要用手电光照住它的眼睛就行了，随你去抓。宋、陈二位在水沟中收获不小，一会向我介绍这个蛙，一会向我介绍那个蛙，品种太多了，我这个外行也搞不清楚那么多。就在一处浅水边的小树叶上，我们发现了两只红腿、绿身子的漂亮树蛙，个头还没有火柴盒大，但是色彩十分鲜艳，在我们手电筒的光束下，两只绿青蛙"束手就擒"。两位两栖爬行动物专家左看右看，一时竟无法确定它们的分类，认为很可能会是一个新种，待日后的进一步科学鉴定（几年后，经过国际资料联检和标本辨认，并再次在鹦哥岭雨林中的不同区域采集到同样的三只树蛙标本，陈辈乐博士最终在国际学术刊物上发表了论文，确定这种蛙是一个生物新物种，命名为鹦哥岭树蛙，这也是鹦哥岭林区开展科考后发现的第一个新物种，并在以后几年的考察中陆续发现了十几个动植物新物种、几十种中国新记录物

考察队员采集的犬蝠的标本

种和100多种海南岛新记录物种），这是今晚最大的收获。

每天的野外考察结束后，各考察小组回到营地都要整理标本，互相通报当天的考察结果。动物组的专家在这里发现有海南水鹿、赤麂、野猪、海南果子狸、海南鼯鼠、黑白鼯鼠、花松鼠、针毛鼠等动物或它们的活动痕迹，这里是动物种类比较丰富的区域。我跟着他们跑了一天，但是运气不好，除了松鼠以外，什么也没有遇到，就连蝙蝠、老鼠也是只看到专家们捕捉回来准备做标本的样品。值得高兴的是有一天在我们的营地附近，发现了一只"会飞"的蜥蜴，爬在一棵树干上，陈辈乐博士告诉我这个家伙叫"斑飞蜥"。它的身体是深棕色，并有黑色的条纹装饰，前肢连着腹部两侧有一层薄薄的肉膜，有点像蝙蝠的膜翅，展开四肢的时候可以靠这层肉膜从高处往低处滑翔一段距离，给人以会飞的感觉。在以后去鹦哥岭的多次考察采访中，我也多次遇到过这种会飞的蜥蜴。

宋晓军博士在鉴定蛇的种类

董仕勇博士观察白桫椤

这次考察中"最不走运"的一位，就数野生动植物保护国际（FFI）中国项目官员张颖溢博士了，她是考察队中唯一的女队员，专门研究灵长类动物。小张在什富村进行社区调查的时候，黎族村民说，在十多年前，他们在这一带山上还听到过海南长臂猿的叫声。小张用录音机放出长臂猿的叫声给村民们听，村民们说就是这种声音没错。海南长臂猿是极濒危灵长类物种，目前仅在海南霸王岭自然保护区内生存20多只，是海南热带雨林中最珍贵的稀有物种，要是能在这里确证有存在，那在动物学界将是一个重大发现。为此，张博士每天天不亮就起床出发，爬到某一个山头上去等待长臂猿的叫声。25号一早天刚蒙蒙亮，我和她一起出发去碰运气。我们出营地沿着一条山脊一直往高处爬，然后找到一棵倾斜的大树爬上去，坐下来等着长臂猿鸣叫。我以前曾多次到霸王岭保护区去观察拍摄海南长臂猿，知道它们喜欢每天早上六七点钟太阳刚刚出山的时候，在树梢上大声鸣叫，其声洪亮，可传至两三公里之外。可是要想看到它、拍到它却不容易。坐在树上，张博士拿着望远镜不停地四处了望，等了两个多小时也没什么动静，最终我们还是失望而归。直到考察结束，天天如此，最终小张也没能听到一声长臂猿的叫声。不过她认为，以鹦哥岭目前的森林状况和以前有海南长臂猿生存的历史来分析，这一带雨林中很可能还有海南长臂猿存在。

在考察的十几天中，白天我跟着不同的考察组外出考察、拍摄照片；傍晚回到营地，各考察组要集中在一起开个小会，互相通报一下当天在野外的不同收获，我也正好可以在会上了解到整个考察队不同小组当天的工作情况，并在营地拍摄专家们制作动植物标本的图片，十分顺利。不过也有一个很大的难题无法解决，叫我十分郁闷：在营地发不出稿件。虽然我行前已经做了力所能及的最充分的准备，带了笔记本电脑和文字、图片的发稿系统，带了电脑的备用电池，所带的海事卫星电话也进行了调试还事先进行了试发稿，都没有问题。但是到了山上的营地以后，因为林木太茂盛，再加上考察期间天天下雨、雾气很大，无论怎样调整海事卫星电话的天线方向，它就是找不到卫星信号。我叫工作人员帮忙，一起拿着电脑、卫星电话等设备爬到营地附近的最高处，也还是树木遮天蔽日，没有一个空旷的地方能够联通线路，最终只好放弃。我把每天的稿件准备好以后存储在电脑中，下山后集中发稿。但这对我的工作很不利。

经过十几天的艰苦工作，专家们初步查明鹦哥岭地区有蕨类植物近200种，种子植物1500至1800种。仅与恐龙同时代的"活化石"植物桫椤就发现有黑桫椤、白桫椤、刺桫椤等五种，而且成群落分布，这在海南岛其他雨林区是罕见的。在考察中，香港嘉道理中国保育的吴世捷博士还发现通常只生长在亚热带的国家一类保护植物伯乐树三棵，开花正盛，这在海南岛还是第一次；参加考察的昆虫博士黄国华还在海拔1300米的沟谷雨林中捕获到一只蛇蛉，而蛇蛉是国际公认的原生林标志性物种。这一发现科学地证明鹦哥岭热带雨林区的原生性。

参加考察的科学家发现，鹦哥岭的植被以原始热带雨林为核心，周边地区是季雨林和次生天然林。其中分布着热带沟谷雨林、热带山地雨林、热带季雨林、热带山地常绿阔叶林及常绿阔叶矮林、热带常绿灌丛等各种热带雨林形态。尤其可喜的是，在考察中还发现这里生长着许多珍稀植物，比如国家一级保护植物伯乐树、苏铁、坡垒，二级重点保护的尖叶原始观音座莲、金毛狗、黑桫椤、刺桫椤、阴生桫椤、大羽桫椤、海南油杉、青梅等。中国植物红皮书收录的濒危等级植物海南油杉、坡垒、海南梧桐和伯乐树等4种；渐危等级植物有苏铁、陆均松、鸡毛松、海南粗榧、乐东拟单性木兰、油丹、土沉香、海南大风子、粘木、降香黄檀、野龙眼和野荔枝等13种；稀有等级的有观光木1种。海南特有种有尖峰桢楠、宽昭新木姜、海南梧桐、荔枝叶红豆、海南蕈树、海南栲、短穗柯、圆叶刺桑、细仔龙、赛木患、海南韶子、海南柿、琼岛柿、海南水团花和多刺鸡藤等16种，等等。专家们据此推断，这里原始雨林中的植物种类比海南岛其

空中花园,长在树上的链翅羊耳蒜兰花

它雨林更丰富。

  茂密的热带雨林必然是野生动物的天堂。在短短十几天的考察中,动物学家在这里发现并记录到的鸟类就达60余种,包括海南山鹪鸫、海南孔雀雉等一批国家一级保护动物,以及大量的蛙、蛇、龟、蜥蜴等两栖爬行类动物,还有海南巨松鼠、海南鼯鼠、尖峰黑白鼯鼠、猕猴、赤麂、水鹿等哺乳类动物。考察共记录到各种动物110多种以及大量的昆虫,并发现了大型食肉动物的足迹,估计是云豹和黑熊留下的。在野外科学考察中,记录到大型食肉动物的足迹是非常重要的，因为足迹的存留时间一般都很短。大型食肉动物机警敏捷，考察人员很难在林中直接观察到活体。在海南岛其他林区以往的考察中，仅仅发现过它们在树干上留下的"挂爪"，这次记录到新鲜的足迹，说明它们不久之前还在这里活动过。

在热带山地雨林中，由于林木高大、野生果树种类丰富，为动物生活提供了优越条件，几乎所有热带雨林中栖息的动物在这里都有发现。其他类型的雨林中也相应分布着不同的动物种群。不过这些动物的分布也不是固定不变的，它们会随季节、食物的变化经常变化自己的活动区域，总之是生活的自由自在。参加考察的专家认为，如此众多的原始热带雨林指示物种和国家保护物种在这里高密度出现，表明鹦哥岭原始雨林依然保持着原始热带森林的风貌，生物物种的多样性在这里的原始热带雨林里有最充分的体现。

十几天的考察，可以说每个专业小组都获得了意想不到的收获，专家们高兴极了。这次综合科考队队长兼技术顾问、华南濒危动物研究所研究员江海声告诉我：通过十几天的初步考察，可以判定这片原始热带雨林具有典型性、多样性、稀有性，是海南岛和国内其他地区所没有的。它的最大价值就在于雨林生态系统的完整，动植物品种的丰富和集中度，生物多样性以及大面积连片的原始雨林。这里从未进行过修路、森林采伐等活动，这是大自然遗留给我们的珍贵遗产，必须好好保护。它的地理位置也很重要和特殊，处于海南岛霸王岭、五指山、佳西和猴猕岭几个自然保护区的中间，可以起到使各保护区连成一片的枢纽作用。同时，它也有一定的脆弱性，因为在鹦哥岭海拔300米至1000米之间是陡峭的山坡，岩石风化严重，而在此之上的台地由于地势相对平缓，沟壑积水成潭，使得溪流缓缓而行，但越过台地以后却形成急流。如果雨林遭到破坏砍伐，地表失去茂密雨林的保护，将形成严重的水土流失。

考察结束后，我对考察活动和新物种发现进行了大量的新闻报道，被国内外的报纸杂志、尤其是网络媒体所大量刊发转载；有关建

地蜥

明端眼斑螳

海南特有种丽拟思螅

议尽快在鹦哥岭建立自然保护区的内参稿件，也引起了国务院领导和海南省主管部门的高度重视，促成了"特事特办"，地跨白沙、琼中、昌江、乐东和五指山五市县、面积达50464公顷的鹦哥岭自然保护区，于2004年以最快的速度经海南省人民政府批准成立，成为海南省面积最大的陆地自然保护区。

　　一次短短十几天的科学考察，为什么引起了参与专家的高度兴奋？引起媒体的广泛关注？并促使海南省以超常规的速度批准建立了最大的自然保护区？这一切就说明一个问题：现在，像这样保存完好的热带雨林已经十分稀有，同时在人们的内心里，大家对美好的自然原野是多么神往。

　　我们生活的地球，原本就应该是这种样子。

# 曾经的海南原野

其实在并不遥远的过去，海南岛大多数地方都是明媚的青山绿水和神出鬼没的野生动物，像鹦哥岭那样的热带雨林并不少见。

2003年5月底至6月初，我又一次到霸王岭自然保护区采访和拍摄海南长臂猿。5月30日来到霸王岭，我和保护区的朋友在林业局所在的小镇上采购了油、盐、米、菜等生活用品，直接进入保护区的观测点丁字岗安营扎寨，开始了艰苦的观测。每天凌晨山上观测、拍摄，下午返回营地吃饭休息聊天。

保护区的护林员韩志钢祖孙三代都在这个林业局工作，所不同的是小韩的爷爷和爸爸当年是砍树伐木的伐木工人，而他自己却是保护森林的护林员。说起小时候的事情，小韩来了劲头。他告诉我，他1988年的时候在这个林业局的乌烈林场小学读书，小学就在离大树林子很近的地方，经常有成群的猕猴来到校园边的树林子里嬉闹玩耍，还有大胆的猴子趁着他们课间到外边休息的时候跑到教室里来偷吃同学带的香蕉，叫他们防不胜防，打也赶不走。可见那时候林中的动物还很多，也不是特别怕人的。但是从1998年开始，我每年都到这里采访几次，每次翻山越岭地满山跑，从来没有看到过一只猕猴。听护林员们讲现在保护区里栖息着一群猕猴，不过很少有人能看到它们，环境的变化就这么快。小韩还说，他爷爷曾经讲过，当年伐木的时

一只表情忧伤的雄性海南长臂猿孤独地坐在大树上望着天空　霸王岭保护区

候，常常可以在溪流边遇到一米多长的蜥蜴（我估计是圆鼻巨蜥，海南二十多种蜥蜴中就这种可以长到二米左右），他们有时候就用自己做的土枪打，可是蜥蜴的皮很硬，往往只能打下几块鳞片而打不死蜥蜴。而现在，全海南岛早已经难觅圆鼻巨蜥的踪影了，2008年6月鹦哥岭保护区发现了6条圆鼻巨蜥的幼仔，说明这一物种还有稀少的野外生存，经新华社报道，成了当时的轰动新闻。

护林员陈少伟说，他刚到保护区工作不久，大概是二十世纪八十年代的时候，经常要从林业局所在地小镇上的家到南叉河观测点执勤，一个星期或十天来回一次，都是很早去和很晚返回，天不亮或者天将黑的时候，走在路上就遇到过黄猄、果子狸等动物。他说的那段路我走过很多次，是从霸王岭主干公路通往南叉河观测点的一条林间小路，只有越野车和摩托车可以勉强通行，大约11公里，但现在路两边有的地方已被开垦种植了大片的香蕉林，小路现在全部铺上了水泥路面，想看到动物基本是不可能了。我常常觉得奇怪，在保护区里边，通往观测点的偏僻小路，平时很少有人和车走过，为什么要花那么多钱铺设一条水泥路面的公路呢？既破坏了林中的生态环境也不利于动物出行，还要花费数以百万计的资金，至今仍不得其解。

有一次我到五指山保护区采访，和保护区的工作人员李良聊起过去的事。李良的家当时在琼中县的红毛乡，他告诉我，上个世纪七十年代的时候，他和小伙伴们曾经多次在家乡村边小河沟水底下的土洞里钓到过一米多长的淡水鳗鱼，那种河鳗可以吞食河里游水的小鸭子，力气很大，要拉一两个小时才能拉上岸来，有时候钓鱼线拉断了也拉不出来，河里的其他鱼虾也捞不完，他们放学以后经常是用各种方法捕鱼抓虾，现在的小孩享受不到那种乐趣了。五指山保护区管理局的副局长张剑锋和我聊起他们小时候的事，说是在七十年代末期，他家住在琼中县的太平农场，村边的河流属于万泉河上游的一条支流，河边林木茂密，河里的水很清很大，常有农场的职工驾着竹排带着鱼鹰在河里捕鱼，那是一幅多么美丽的清江捕鱼图啊。那里我曾经也去过，现在根本就见不到竹排和鱼鹰的影子了，河水也小了很多，很难想象过去是可以撑竹排捕鱼的地方。这些年我去海南岛南渡江、万泉河、昌化江等几条大河的源头和上游地区采访，这些地方都在各保护区的范围以内，这些河流里也有少许的游鱼，但那些鱼绝大多数只有人的手指粗细，长不过十几厘米，看着就让人泄气，偶尔还能看到有人在河溪里电鱼。

从这些当地自然保护区工作人员的零星回忆中，我们不难看到二十世纪七十、八十年代的海南岛的乡村是一幅什么样的风景画。而科学工作者的野外考察经历和记录则准确地反映了当年海南岛的生态状况。

2003年10月底，我到霸王岭保护区参加"海南保护长臂猿行动研讨会"，巧遇我国第一代研究海南长臂猿的老专家刘振河教授。上个世纪六十年代初，大学刚毕业的刘振河在中科院中南分院（广州）昆虫研究所工作。1962年底到1965年，他随该所组织的由动植物学家和标本采集员等十多人组成的野外考察队，对海南岛的野生动植物进行了为期三年多的野外考察，足迹遍布海南全岛。他告诉我：他们的考察队走访了五指山、霸王岭、吊罗山、鹦哥岭、黎母山、尖峰岭、猴猕岭等等大小林区，通过实地调查、走访老猎人、伐木工人等方式的调研和抽样调查得出结论，估计五十年代的海南岛，从山区的白沙、昌江、保亭、乐东等县，到沿海的琼海、万宁、陵水等12个县的原始雨林中都有海南长臂猿生存，总数约有2000只，当时在尖峰岭还采集了一公一母两只海南长臂猿标本。刘教授说，我们考察时住在尖峰岭林业局招待所的木头房子里，长臂猿还不太怕人，几乎每天早上在房间里就可以听到猿鸣。只要我们进雨林，更是天天可以听到叫声或看到长臂猿，我看到的最多一群有8只，也有7只一群的，都是一只公猿、二三只母猿和几只幼猿组成。后来我们多次到海南考察长臂猿和研究保护措施，吊罗山林区的长臂猿1972至1973年才绝迹；直到1978年，我们的实地调查证实在五指山、尖峰岭、黎母山、鹦哥岭和霸王岭林区中还生活着7至8群长臂猿。通过这些叙述，可见当时海南长臂猿分布之广泛，同时也反映出当时的海南岛热带雨林分布广泛、保存完好——因为海南长臂猿被称为热带雨林的"旗舰物种"，对生存环境的要求很高。中国科学院地理研究所的张荣祖研究员专门研究动物的生存地理、生态环境条件，他告诉我：海南长臂猿是挑剔的动物，要最好的热带雨林它们才能生存，每一个"猿家庭"大概需要5平方公里以上的森林供养。

　　刘振河教授是研究灵长类动物的专家，他注重于自己的专业，考察中最关注的是海南长臂猿的状况。而同时参加这次动植物野外考察的徐龙辉教授，当时也是大学刚刚毕业，在他的回忆录中详细记载了当时海南岛生态、尤其是各种野生动物的丰富多样性。他在描述当年海南岛野外考察活动的《野生动物考察记》中写道：

1962年10月到海南开始考察。先是在乐东县山荣公社抱梅大队住点考察，豹猫就在村庄附近活动。在村边的榕树上，一群几十只绯胸鹦鹉在觅食，五颜六色很漂亮。在村民的屋顶上和树上都有斑鸠的身影。在村后的小树林的人行小道上就可以看到大灵猫、小灵猫和豹猫的粪便。

六十年代海南水鹿资源十分丰富，不管山地丘陵还是平原，凡是有树林的地方都有水鹿栖息其中，满山遍野的海南水鹿。深山里水鹿密度大，它们就向村庄附近分布密度较低的地方扩散。多处的村民都说"山牛"（当地对水鹿的叫法）很多，打也打不完。

在尖峰岭，我们在林中可以经常看到巨松鼠，甚至有赤腹松鼠跑到离我们一米远的地方停下看人也不怕不跑。在尖峰岭也有很多绯胸鹦鹉，海南岛热带雨林里生长着它们爱吃的各种坚果和榕树果实，十分适合鹦鹉的繁殖，可惜人们为了钱千方百计去捕捉它们，使得鹦鹉数量渐渐稀少了。

五指山考察期间，在什运附近的山里，请村民带路进山捕捉孔雀雉做标本，很容易找到孔雀雉的窝，第一天捉一只母的，第二天又去捉一只公的，孔雀雉只在云南和海南岛有分布，当时已经是数量较稀少的鸟类了。在五指山的毛祥，在砍伐过的次生林中，甚至在村边，就有许多大灵猫、小灵猫、豹猫、黄鼬活动，有时候走路都可以遇到。

在霸王岭的皇帝洞，蝙蝠的粪便堆积如山，为了利用这些粪便，人们专门修建了一条5公里多长的便道，用车一车一车拉出来做肥料。在霸王岭考察长臂猿的时候，曾经在林中直接和云豹相遇，距离只有100多米。

1963年末，我与刘振河一同去霸王岭林业局的一个叫雅加的林区防火瞭望哨所定点考察，徒步2个多小时到达哨所，路上到处可见黄猄、水鹿踩踏出来的路径，路边和石头上不时可见大灵猫、小灵猫、豹猫等食肉动物排泄的粪便。哨所的林业工人说，白天如果没有人在哨所的木头房子里，猴子和金花鼠等动物就会进来找人们留下的剩饭吃。

阳含熙先生（中）在海南考察生态环境
摄于1990年3月

在吊罗山的考察中，一个上午在一片不大的森林中就看到4群白鹇，白鹇种群分布密度之大可见一斑。

我们的队伍对尖、霸、吊、五等山区调查后，又转向平原和丘陵草坡地带研究，选点在白沙县邦溪公社。在这里，抓来眼镜蛇和獴，进行了人工促成的獴蛇大战，以观察研究獴和蛇是怎样相克的。

工作人员的回忆和专家的描述，为我勾画出了几十年前的海南岛，那是一个多么美妙的世外桃源啊。可惜当年生活在这里的人们由于时代、认识和知识的局限性，并没有体察到其稀有和珍贵，正应了"身在福中不知福"这句俗话。

1990年3月，国家科委、海南省政府、联合国计划开发署、联合国教科文组织、美国福特基金会和洛克菲勒基金会、西德发展基金会等组织和机构联合在海南岛召开"海南热带土地开发利用国际研讨会"，包括阳含熙、江爱良等一批国内外一流的森林和生态环境专

曾经的海南原野 049

家来到海南。我参加了这次会议的报道,在会议中和会后的实地考察中,与专家们有了深入的交流。阳含熙是中国科学院院士,国际著名森林生态学家,时任联合国"人与生物圈"中国国家委员会副主任,他对海南的热带人工群落建设评价较高,但是对海南当时的热带雨林工业化采伐认为不妥。一路上我们相谈甚欢,聊到了国外和国内热带雨林保护的差异,聊到了二战中"卡廷事件"的真相,他甚至还记得我1984年在青海工作时发表在《人民日报》的一篇关于三江源头毁坏森林破坏环境的文章,嘱咐我在海南一定要多关注当地的热带雨林生态保护问题。

1991年12月下旬,我来到海南岛尖峰岭林业局考察采访。林业局的总工程师黄运海和办公室的胡主任向我介绍了这个林业局的情况:尖峰岭最早在1958年8月成立"海南尖峰岭林区开发筹备处",后经广东、海南两省几次改名,1991年3月定名为"海南省尖峰岭林业局"。林业局位于海南岛西部,地跨乐东、东方两县的8个乡镇。1958年成立的时候,全局辖区67万多亩,有林面积62.5万亩,均为热带雨林,其中约46万亩为郁闭度0.5以上的可采林。当时为了加快开采速度,林业局下属的7个林场采用的是"中心开花"和"拔大毛"的开采方式,也就是哪里的林子最好就采伐哪里,哪里的树最大就砍哪里的树。这种粗放的采伐方式,使主林层次遭到严重破坏,砍伐后很难恢复。经过1958年到1991年共30多年的工业化采伐以及周边农民乱砍滥伐,尖峰岭林区的雨林面积和木材积蓄量都只有原来的三分之一了。而每亩林地的原木出材量,也从开始时的20余立方米下降到1990年的2立方米。由于技术手段比较落后,采伐过程中木材的利用率很低,浪费较大。比如1989年,全年共生产木材3.2万立方米,而消耗的森林木材蓄积量却达到8万立方米。1991年,当年的开采成本达到每立方米230元,去除各项费用,纯利润只有每立方米30元。因为容易砍伐的树林越来越少,砍伐和运输越来越难、成本越来越高,国家财政还要倒贴钱给砍伐森林的林业局,1991年财政补贴就有150万元。当时的尖峰岭林业局共有干部职工5217

霸王岭保护区森林警察王昌和（左）审问盗猎者
摄于2004年6月

人，还有一批离退休干部职工，都是靠采伐为生的。

海南岛的霸王岭、吊罗山等大小林业局，在当时都是这样以采伐森林为主业的。

据1956年的林业调查，海南岛当时共有热带雨林86万多公顷，后来随着过量采伐和当地少数民族刀耕火种毁林开荒的影响，面积大幅减少。1994年，海南岛全部停止采伐天然林，在全国率先开始实施天然林保护工程。当时的调查显示，全岛热带雨林面积共58万多公顷，但其中未受到人类活动影响的原始热带雨林只占少数，多数是次生林。现在受到人类活动影响较小或在砍伐中逃过一劫的原始热带雨林，都集中在偏远、交通不便的深山大谷里，并且呈破碎的"岛屿"状分布，比如五指山、鹦哥岭、霸王岭、尖峰岭、吊罗山、俄贤岭、黎母山、佳西等自然保护区，就集中了最美丽的原始热带雨林，其科研和生态价值均十分重要。

大规模的商业性采伐虽然在1994年就停止了，但是山区农民对热带雨林的破坏性利用却并没有停止。海南山区森林边缘或森林中主要居住着黎族和苗族群众。他们祖祖辈辈就是靠山吃山而生存的。在上个世纪八十年代末九十年代初，我刚到海南工作不久，出差时只要是经过海南岛的中线山区公路，每次必定都能看到路边不远处森林中一

白沙县元门乡红茂村村子周围被毁坏的林地　摄于2005年6月

股股砍树烧山的浓烟，晚上还可以看到星散的火光，这是因为当地山区少数民族农民喜欢种一种叫"山兰稻"的作物，和水稻类似，只是不用水浸泡田地，在山坡上也可以生长，产量很低。他们一般是在林中砍倒一片树木，将可用的大木材拿走以后，点火焚烧剩余的树枝木材，用烧剩的草木灰为肥料，然后播种"山兰稻"，这样整理出来的一块地一般只种一到两年就不用了，然后再砍一片树林重新来过。还有就是烧山抓乌龟，用烧火的办法把乌龟赶出来，然后在溪流边等着就可抓到。即使到现在，在有些偏僻的山村，还可以看到这样毁林开荒后在森林和山体上留下的一块块黑色伤疤。只不过现在是为了种植橡胶或别的各种热带经济作物而已。

2005年5月22日至6月5日，海南省林业局、中科院华南植物园、香港嘉道理中国保育、华南濒危动物研究所、香港大学、华南师范大学、华南农业大学、海南师范大学等单位的动植物专家组队到鹦哥岭保护区进行资源调查，我一同前往。我们从乐东县万冲镇出发。第一天，先坐车到南盆村，然后开始徒步进山，一路上不时可以看到被砍伐烧过的山坡地，有的种上了橡胶等热带作物，有的还荒在那里晒太阳。在深山区的村庄附近，这种情景并不少见。

除了毁林开荒种山兰稻，盗猎、盗采是对海南岛生态多样性破坏最大的活动了。地跨白沙、昌江两县的霸王岭，是我国唯一保护海南长臂猿的自然保护区，也是我去采访次数很多的一个保护区。每次到这里采访，住在保护区不同的林中观测点，一到晚上我最怕听到的就是枪声，可是几乎每次来都会听到偷猎者的枪声。1999年的一次采访中，我和护林员陈少伟、森林警察王安叶一起在山里巡逻，一次拣回来的用于捕捉野兽的铁夹子就有七八个。前些年，在昌江县城石碌镇上，这种捕兽的大小铁夹子还在公开销售。大的铁夹子直径达40余公分，弹簧的力量非常大，被夹住的野兽非死即伤，绝无逃脱的可能。就算夹到人腿也能致残。2004年6月初我到霸王岭采访，正好遇到保护区森林警察派出所审查刚刚抓住的两名在保护区里持枪偷猎的偷猎

乐东县万冲乡南盆村山中的电鱼者
摄于2005年5月

被盗猎者的铁夹子夹死、尸体已开始腐烂的海南孔雀雉
摄于2012年4月

者,以及他们偷猎的巨松鼠。所长王昌和说,森林警察只能在保护区内执法,连附近的村庄都不能去搜查。就算在现场抓住了偷猎者,也只能是没收和销毁猎枪,对偷猎者治安拘留15天罚款200元,然后放人。在国家级保护区里边尚且如此,其他地方的偷猎行为就更甚了。还是在2005年5月底6月初的那次考察中,我们坐车到了南盆村以后开始徒步进山,沿着昌化江的一条支流前进。专家们一边走一边看,采标本、记录等等,忽然迎面走来一位老乡,身上背着装鱼的竹篓子,还有一个电瓶,手里拿着的两根长竹竿,顶端接着裸露的电线,又用电线连接到身后的电瓶上,原来是一个下河电鱼的人,被我们遇到,没收了他的电鱼工具又教育了一番。海南岛山区的居民捕鱼,很多都是这样用电来电鱼,因为鱼太小数量少,没办法钓鱼或用网捕鱼,所以不管大小统统电死,更有甚者还有用毒药毒鱼的,直接往河溪里放农药等毒药把鱼毒死然后捡死鱼,还有用炸药炸鱼的,都是使鱼断子绝孙的手法。近两年,鹦哥岭保护区在南渡江和昌化江的源头和上游

地区建立了几个禁渔区，并反复进行宣传教育，在努力改变人们这种毁灭性的捕鱼方法。

刘振河教授在1985年发表的一篇关于保护长臂猿的文章中提到了偷猎的严重危害性，他写道："长年累月的无度猎杀，是长臂猿资源灭绝的直接原因。猎猿者以苗族为多，他们向居深山，掌握猿之生活活动规律，或待或诱寻机而猎，几乎不费力气。特别是以声诱猿者居多，先打雌后打雄乃至歼灭全群。东方县广坝公社报白苗村两猎人以此法猎猿过百；马鞍岭的约50头群猿也主要为该村猎手所灭。黎母山地区的猿群主要为当地苗族猎手猎去。林场或进入林场的职工猎猿者也不乏其人。如尖峰岭林业局5场约有职工200人，有猎枪达30多枝，尖峰岭腹地的猿群被猎尽。"

虽然当时政府禁枪禁猎的措施不像现在这样严格，在通什（现五指山市）还有猎枪制造厂，出售猎枪给村民狩猎用。但海南长臂猿是1962年就被列为国家保护动物的物种，在当年也是禁猎的，但照样逃脱不了被大量猎杀的命运，其他各种动物的命运就可想而知了。进山偷猎的人，大到水鹿黄猄，小到松鼠和乌龟蛇类青蛙、河里的小鱼，没有一种动物不打不抓，偷猎者有时用枪打，有时下铁夹子夹，有的用铁丝做套子套，有的还会用山里的藤条、竹片等材料制作一些简陋的狩猎工具猎取小动物，方法多种多样，就连小小的蜥蜴也不放过。在海南岛的沿海防护林地带，生活着一种蜥蜴，当地人叫做"坡马"，学名腊皮蜥，身长连尾巴约有25－30厘米，浅黑色的身体上有黄色和红色的斑点，很好看。这本是一种数量很大的普通蜥蜴，就因为人们认为这种蜥蜴有强身健体的功效，被大量捕捉用来煮粥吃、烤了吃和泡酒喝，海南以前甚至还有几个专门用这种蜥蜴泡制药酒的小酒厂。大量的捕捉，现在这种蜥蜴的数量比以前大为减少，我曾数次到海口西海岸的沙滩树林中去寻找这种蜥蜴，但始终没有找到它们的踪迹，可是在海口的菜市场里却不时可以见到它们的身影。

多年来在海南的原野、森林中考察采访，我、包括考察队员们最希望找到那些比较大型的兽类和珍贵的大型鸟类,比如云豹、黑熊、水鹿、海南孔雀雉等等,可是至今也未能如愿。我所见到的水鹿,只是红外线自动照相机在最偏僻的山林中拍下的模糊不清的水鹿身影,我唯一一次在野外见到海南孔雀雉,是2012年4月在佳西保护区考察途中,那是一只被盗猎者的铁夹子夹住,已经死去两三天开始腐烂的海南孔雀雉尸体。

盗采林中的珍稀植物也给热带雨林生态造成严重破坏。

2007年3月19日至25日,我跟随海南省野生动植物保护管理局和香港嘉道理中国保育的专家组织的"俄贤岭野生动物考察队"一起到俄贤岭考察。俄贤岭位于霸王岭保护区以南不远,在一大片石灰岩山脉上生长着茂密的原始热带雨林。因为石灰岩容易被水侵蚀,这里十分干旱,山脉地形险峻,土壤瘠薄,雨林中许多大树就直接生长在坚硬的岩石上,有些树根甚至穿透岩石去寻找水分和养分,是一片十分奇特的热带雨林。有一天傍晚,我和省野生动植物保护管理局动物学家苏文拔、香港专家刘惠宁和陈辈乐结束了考察返回营地,在林中小径边上看到一堆枯死的各种兰花枝条,就觉得奇怪。苏文拔说,这些是偷采兰花的人采集山中的兰花以后,选走好的,把他们不要的兰花全部丢弃了。海南热带雨林中珍稀的热带兰花有200余种,近几年来吸引了不少惟利是图者进山滥采,有的人还鼓动当地农民进山采集,自己收购。盗采者见了兰花就采,有人收购就卖,没人收购就扔掉,所以才有这些被扔掉枯死的兰花在这里,对雨林生态和热带兰花的资源破坏非常大。听完苏工的解释我才明白。看着这些死去的兰花真叫人心疼。灵芝的命运甚至比兰花更惨。长期在海南岛的各林区采访,但是我在林中很少看到有灵芝生长,叫我觉得很奇怪。查阅资料以后,我得知中国有草灵芝、木灵芝,共有103种灵芝,其中海南岛热带雨林中所拥有的品种,有的资料说是98种,有的说有56种,总之品种超过全国品种总数的50%。那怎么在雨林中都难得一见呢?有一次我专门就此请教了海南省野生动植物保护管理局的王春东局长。他告诉我

鹦哥岭自然保护区森林警察审问盗木者　摄于2007年5月

俄贤岭被盗伐的大树　摄于2007年3月

被砍伐过的山体和生长热带雨林的对比,鹦哥岭红坎水库一带　摄于2006年5月

被采石场毁坏的大地和森林　摄于2003年5月

原因：大量的乱采造成的。他说，十多年前灵芝并不值钱，采的人很少，在1997、1998年之前，热带雨林中灵芝生长十分普遍，就连公路边都可以看到，山里有些大的野生灵芝可以达到一米多长、几百斤重，但是从2000年以后，收购的人越来越多，价格暴涨，2002年和2003年，每年从森林中采出的灵芝约有250－300吨，岛外也有很多人来收购，绝大部分运往全国各地销售，连东北卖灵芝的都说卖的是海南野生灵芝。以前干灵芝大概20至30元一斤，现在（指2005年）250－300元一斤都很难收购到，各大林区和热带雨林中的野生灵芝已经十分罕见了，连豆芽菜那么大的灵芝都被采摘了。王局长说，其实海南岛热带雨林中的几十种灵芝，有药用价值的只有5到6种，但是那些乱采灵芝的人并不懂，见了灵芝就采，没人要的就丢掉，对资源和生态系统的破坏十分严重。但是现在国家和地方对灵芝的保护没有立法或法规。

灵芝是一种菌，和其他的真菌、蘑菇等一起，在热带雨林的生态循环中起着重要的作用。它们不含叶绿素，自身不会光合作用，不能制造养分，必须从别的植物或动物身上得到养分。这些菌类取食的方式大多是繁殖在死的动、植物上，来繁殖自己，它们把动、植物分解为简单的化学物质比如氨基酸等，部分用于自身生长，其余的释放在土壤中供其他绿色植物利用，它们是雨林中生态循环的重要一环。

热带雨林的生物多样性和复杂生态是由"生态系统"构成的，经过大自然亿万年的自然选择达到了系统的平衡，每一种植物、每一种动物在这个系统中都有自己的位置和作用，并不是说砍伐了森林才是破坏，局部的、某些品种的破坏也会造成雨林生态系统的失衡。2010年3月底，中国科学院院士、中国林业科学院首席科学家蒋有绪来海南参加会议，并在会议结束后接受我的采访。趁着这个难得的机会，我当面向蒋院士请教关于热带雨林生态系统的生命力有多强或多弱、有没有可逆性的问题。蒋院士说："热带雨林这种生态系统，是陆地上最高级、最完美的生态系统，到头了，它最充分地利用了所有的空间资源，每个角落都有生物去利用，它的高生产力、高生物量是靠高效的生物循环来维持的，而不是靠土壤的肥力储备来达到的。所以，这个生态系统一旦遭到破坏，是难以恢复的，也可以说是不可恢复的。这个生态系统是海南岛的命根子！"

2011年3月，我到尖峰岭保护区参加由中国林业科学研究院热带林业研究所尖峰岭国家级森林生态系统定位研究站主持召开的"基于涡度协方差技术森林碳通量测定学术研讨会"。这次会议有来自中国森林生态系统定位研究网络管理中心、美国华盛顿州立大学和全国三十多个森林生态系统定位研究站和有关大学的六十余名森林生态和林业碳汇专家出席，共同研究、交流利用"涡度协方差技术"和相关的设备进行森林碳汇能力测量的最新科研成果。

"涡度协方差技术"是目前研究森林碳汇能力（就是森林系统吸收和存储空气中二氧化碳的能力）的最先进技术。这种技术通过架设在林中不同高度的多种传感器，实时自动检测和记录森林中流动气体（也就是涡流）的温度、湿度、流速、单位时间内的流量、二氧化碳含量等数据，一套系统每天采集数据达90万个，通过计算机分析汇总，得出空气中二氧化碳含量的动态差异变化情况，进而计算出森林的吸收固碳能力。

据主持会议的中国林业科学研究院热带林业研究所李意德研究员介绍，根据该研究所尖峰岭国家级森林生态系统定位研究站近三十年的观测研究结果，当地热带雨林每公顷林地，一年吸收固碳达2.38吨，约相当于8.8吨二氧化碳气体，远远高于马来半岛热带雨林每公顷每年1.24吨、非洲热带雨林每公顷每年0.63吨和南美洲亚马逊热带雨林每公顷每年0.62吨的吸收固碳能力，碳汇能力为全球热带雨林最高。实际上海南岛鹦哥岭、五指山、霸王岭、吊罗山等等其他保护区的热带雨林都和尖峰岭的热带雨林一样，对净化空气、吸收空气中的二氧化碳、减轻地球的温室效应起着重要的作用。李研究员同时告诉我，世界上热带雨林生物多样性的最高指数为6.5，尖峰岭保护区热带雨林的生物多样性指数高达6.22，也接近世界最高水平。以往遭到的

蓝洋国家森林公园遭破坏
摄于2004年5月

破坏真是令人惋惜。

  过去,人们因为无知而采伐、破坏了很多热带雨林,猎取了很多珍贵的野生动物,我们不应责怪古人和故人。可是现在,有多少人认识到了热带雨林这个海南岛"命根子"的重要性呢?有多少人为了个人或局部的利益还在破坏它呢?

# 幸运的海南坡鹿

海南坡鹿的名气很大，是我来到海南岛工作以后最早知道的一个当地重要保护物种。1990年3月，国家环保局在海南召开环境保护建设现场会，国家环保局、国家科委、人与生物圈中国国家委员会、联合国开发署、联合国教科文组织以及美国福特基金会、美国洛克菲勒基金会等部委和组织机构的代表参加会议，我是参加会议报道的记者。会议期间代表们到霸王岭、尖峰岭、大田等自然保护区考察，我也第一次来到大田，知道了海南坡鹿。因为当时行程很紧张，我只留下了保护区站长冯炬群的电话，和他约好以后再专门来采访他们。

转眼到了1991年12月底，我和冯站长联系好采访事宜，26号来到了保护区。当时大田保护区的生活和工作条件都比较艰苦，没有客房可住，工作人员为我这个不速之客腾出一间放杂物的小房间，在地上放了一张木板就当床，算是勉强有了一个栖身之地。晚上，闷热的天气和成群的蚊虫搅得人难以入睡。吃饭没饭堂，也只好在冯站长家里搭伙解决。第一次来，我每天跟着保护区工作人员在树林草地中不停寻找，那时保护区里的坡鹿数量还不多，又很怕人，除了工作人员圈养的一小群20多只坡鹿以外，生活在野外的坡鹿基本上只是远远地看到过几次，转眼间已蹿入丛林不知所踪。当时我带着尼康135相机和500mm的长镜头，可是在保护区里即使用500mm的长镜头拍摄，坡鹿

栖息在大田保护区的海南坡鹿

雌性海南坡鹿

矫健的雄性海南坡鹿

2011年3月袁喜才研究员（中）回到大田保护区指导工作

们在135底片上的结像也还没有绿豆大，根本没用。而那些圈养的坡鹿一只只整天懒洋洋地卧在树阴底下休息乘凉，就等着饲养员来喂食喂水，一天也难得走动几次，完全没有野生坡鹿的精神气，拍了也是浪费胶卷。

不过采访还是很有收获，冯站长和李善元工程师向我介绍了很多坡鹿的知识，大大增加了我对坡鹿的了解。

历史上人烟稀少，使海南岛原始的热带自然景观和其中的大量野生动物得以完好的保留，这其中当然也包括坡鹿。距记载，在清朝初年，海南岛全岛从南到北的低山丘陵和平原，都有坡鹿分布，因为岛上没有多少天敌，坡鹿在这里生活的悠然自得。一直到二十世纪初，都没有太大的变化，坡鹿数量仍然比较多。后来，随着海南岛人口数量逐渐增加，人类活动的影响不断扩大，尤其是因为海南坡鹿浑身是宝，其鹿茸、角、血、筋、鞭、尾、肉、胎盘等均可入药，就连骨头和皮也可以熬成骨胶吃，所以它们也才遭到恶运，滥捕乱杀之风蔓延，使得海南坡鹿的数量急剧减少。到上个世纪七十年代中期，普查结果表明海南岛坡鹿的数量只剩下二十多头！已经到了物种灭绝的边缘。

1976年，在海南岛西南部东方县大田乡的热带丘陵草原地带，政府设立了自然保护区，以保护这些岛上特有的也是最后的坡鹿，保护

幸运的海南坡鹿

区内的几十头坡鹿便成了恢复这一物种的惟一希望。刘振河、袁喜才等老一代科学家对当时保护坡鹿的工作付出了艰苦的努力。

拍摄坡鹿是一件很艰难的工作。第一次前往拍摄无功而返，我处理完手头必须做的工作，又到大田保护区去。有了第一次的经验，第二次我有备而来，精简了一些不必要的摄影器材，只带了尼康24mm、80－200mm和300mm三只镜头和独脚架，生活用品却带了许多，包括充气床垫和枕头、蚊帐、出去拍摄时穿的长筒皮靴和长筒袜子以及手电筒、防蚊油和换洗的衣服等等，还有几纸箱吃的东西——我一直在冯站长家里搭伙吃饭，也不能光吃别人的东西，况且他的工资收入也不高。一堆东西几乎塞满了丰田4500越野车的后备箱。

来到大田，我先在上次住过的小房子里安营扎寨，收拾好住的地方，着手准备拍摄。保护区的李善元工程师告诉我，坡鹿虽然胆小机警，见人就逃，初来乍到的人觉得见到它们都很不容易，但我们在这里工作久了，了解它们的习性和生活规律，和它们近距离见面的机会不是没有。它们的活动有一定的规律性，比如每天早晚到河边、水塘边饮水，在相对固定的地方休息，一段时间内觅食的路线也变化不大，等等。他还带着我在保护区的密林草丛里转了好几天，帮助我熟悉地形，告诉我哪里是坡鹿经常可能出没的地方，以便我更好地拍摄。可是说起来容易做起来难啊，就说坡鹿饮水吧，保护区有8个水塘和一条小河，谁能知道坡鹿们今天要到哪个水塘饮水？我在不同的水塘边守过几次，但是坡鹿好像有一种对危险的本能的感觉，我守的地方它们偏偏不来，叫人很是恼火和失望。

海南岛地处热带，大田保护区又是在岛西南部的干旱地区，受热带海洋季风的影响，从每年的10月到来年的7月左右是当地的旱季，时间长达9－10个月，几乎是直射的骄阳把这里的大地烤得如同一个大蒸笼。为了防止太阳晒伤，不能穿短袖衣裤；为了预防草丛中无处不在的大蜈蚣偷袭，还要穿上长筒袜子和长筒皮靴。大田保护区里的这种热带大蜈蚣，体长达二十多厘米，浑身黑红，发着油亮亮的光，毒性

李善元工程师给海南坡鹿量身高

出生10余天的海南坡鹿

067

极大，对人的危害性比毒蛇还大，因为毒蛇一般是躲着人的，很少主动攻击人。毒蜈蚣则不然，你在草丛中行走无意中碰到它，就可能被咬。被它咬一口，不仅极为疼痛，而且半条腿都红肿，好几天不能走路。像这样穿戴起来，再背上相机和镜头，往往还没等干活就已经浑身冒汗了。为了拍到精彩的坡鹿野外生态照片，我常常在树林里、草丛中一躲就是两三个小时，有时跟着保护区工作人员到处追踪坡鹿，拍摄它们的活动，天天在太阳下洗着"桑那浴"。不过每拍到一张有动感、有神态的坡鹿照片，那种兴奋和喜悦的心情总是把酷热、蚊虫的叮咬和苦苦等待的烦恼一扫而光。每天的傍晚是我最痛快的时候，脱掉被汗水湿透的衣服，在住处树林边的水井里打几桶凉凉的井水，保护区里边人烟稀少，可以在星光下洗个真正的"天体浴"。坡鹿喜欢睡懒觉，一般要早上9点左右才开始从夜晚藏身的地方出来活动觅食，这样我也可以借机多睡一会。

  大田保护区位于海南岛西南部，区内地势平缓，海拔在100米以内。这里生长着茂密的落叶季雨林和灌木丛，还有广阔的热带草原，可供坡鹿采食的植物有200余种，为坡鹿提供了理想的栖息环境，可是却给我的采访拍摄带来了重重困难。坡鹿是一种十分矫健和机敏的动物，胆小而警惕性高。成年雄性坡鹿肩高约一米，体长一米六至一米七，重约100公斤，头上长有雄壮的鹿角，雌性个头稍小，重约60公斤，其嗅觉、听觉和视觉都很灵敏，老远感觉到有人靠近，就迅速逃遁。它们奔跑跳跃的能力令人吃惊，2米高的灌木丛、四五米宽的小河沟，往往可以一跃而过，在树丛草原间行动十分灵活，使人很难靠近观察。海南坡鹿一般为群居活动，它们五七成群地在一起觅食、休息，活动的范围也相对稳定。在每年3－4月的交配季节，傍晚的时候也有几个小群回合成一个大群的，最多的时候一群达50多只，这样的大群多是在比较开阔的疏林地或草地上活动，时间短暂，很快又分成小群散开。小鹿一岁半到两岁开始性成熟，有交配行为。但在鹿群中，雄鹿的交配权是经过激烈的争斗才能得到的。这种求偶的角斗

雄性海南坡鹿刚刚生出的鹿茸

海南坡鹿交配

如果是在两只势均力敌的雄鹿之间进行,往往会十分激烈,甚至两败俱伤。在大田保护区中,工作人员就曾经发现过两只因争夺交配权而争斗的壮年雄鹿,双方的鹿角勾连在一起无法分开,结果双双死于密林之中。雄鹿一旦在鹿群中经过争斗取得了首领的地位,就有了绝对权威,其他雄鹿见了它要主动后退躲开,发情的母鹿首先由它进行交配。只有在同群中有几只母鹿同时发情的时候,其他雄鹿才可以在首领"忙不过来"的情况下偷偷交配。据大田保护区的工作人员观察统计,大约有二分之一的雄鹿在一个交配季节中不能进行交配,其情可悲。但李善元说,这种情况对坡鹿的种群繁衍是有积极作用的。怀孕的母鹿孕期一般7-8个月,期间仍以小群活动为主,但到了临产期,母鹿往往在较隐蔽的树林里单独活动,产仔于有乔木灌木的比较安静的疏林草地,一胎一只。刚出生的幼鹿体重为3-4公斤。母鹿白天很少给幼鹿喂奶,只在幼鹿藏身地附近活动,大概是在守护幼鹿。晚上喂奶时则常常带着幼鹿到较开阔的草地上活动。有一个有趣的现象

2005年春季，在发生旱灾时保护区工作人员给海南坡鹿投放青饲料

2005年1月，大田保护区管理局李善元局长（前左）和周边村民签订坡鹿保护协议

是，幼鹿出生后不会自己拉屎，需要母鹿用舌头去舔它的肛门才能拉出屎来，一直到出生10多天以后都是这样的。海南坡鹿在夏季毛色鲜艳有光泽，多为棕红、棕黄色，背脊上有一条明显的黑色线，两侧整齐地排列着白色的斑点，非常好看。而到了冬季，雌雄坡鹿的毛色有较大的差别，母鹿是草黄色，雄鹿多为棕黑色或灰褐色。成年的坡鹿大耳、细腰、腿长而有力，身材十分挺拔俊美，浑身都透出一种机灵气，可说是大自然的一个杰作，叫人喜爱。

1994年，海南遇到大旱，大田保护区一带半年多时间滴雨未降，热带的骄阳从早到晚像喷洒火焰一样烤灼着大地，树木植被大面积枯死，水塘干涸，坡鹿的生存受到了严重的威胁，死亡数十头。冯站长和李善元工程师给我打电话，希望我去进行报道，在媒体上呼吁大家都来关心坡鹿的生存。我来到大田，用温度计测量，地表温度高达50摄氏度以上！那段时间，新华社和海南当地的媒体对坡鹿的遭遇进行了大量的报道，海南人也立即行动起来，上至省长省委书记，下到工人农民学生，大家纷纷解囊相助，共捐款40多万元，由保护区用于购买饲料喂养坡鹿，使它们渡过了难关。保护区工作人员用这些钱每天购买4000多斤青草、嫩树叶和300斤红薯，分七八个地点投放喂养坡鹿，连平时十分机敏怕人的坡鹿们好像也感受到了人们的关爱，受到了感动，居然走到离我们十几米远的地方也不害怕。从滥捕乱杀到捐款相助，海南人的生态环境保护意识在不知不觉中已经发生了多大的变化！

大田保护区所在的海南东方县是一个黎族聚居区，保护区附近的黎族同胞传统上就有刀耕火种、狩猎、靠山吃山的习惯，许多人家都有打猎用的火枪和夹套等工具，生产工具很少，生产能力也比较弱，多数人家还是十分贫困的。时至今日，保护区工作人员的一个重要工作，仍然是向附近的黎族同胞宣传保护动物、维护生态环境的重要性，帮助他们改掉狩猎野生动物的陋习。其实，只有帮助这里的黎族同胞真正发展生产劳动致富，使他们过上丰衣足食的生活，坡鹿才能有一个长久的安全栖息环境，才能有一天真正地回归山林。1994年以后，为了预防类似的自然灾害再次对坡鹿生存造成威胁，保护区开始在平缓的坡地上大量种植牧草，平时围起来不让坡鹿进去觅食，需要的时候再用来救急，效果不错。

去大田保护区采访的次数多了，除了坡鹿以外，我还遇到赤麂、蛇、多种鸟、原鸡、松鼠等许多野生动物，可见保护区的生态环境良好。1995年6月我又大田到保护区去，保护区工作人员利用搜集到的几只原鸡的蛋，由一只家养的母鸡进行孵化，竟孵化出了5只小原鸡，并饲养长大放归自然。这在中国动物保护史上也是第一次。为此，新华社还专门发布了消息和新闻图片。原鸡是现在家养鸡的祖先，目前在我国只有海南、云南、广西等地还有少量的野生原鸡生存。

为了拍到坡鹿在不同季节的生态照片，我每次去大田保护区采访拍摄，都要住10天到半个月，断断续续在不同的时间里不同的季节先后去了十几次，从坡鹿的交配、幼仔到成年鹿的各种活动都一一摄入了镜头。

随着保护工作的不断深入和完善，大田保护区内的坡鹿数量一直在增加。到了2003年，这里的坡鹿数量已经达到1000头以上，保护区已经不能容纳这么大数量的坡鹿种群生存了。当年5月，经国家林业局和海南省林业局批准，大田保护区的坡鹿开始向海南其他保护区内迁徙，扩大它们的生存空间。6月底我到保护区参加坡鹿外迁活动。

迁徙坡鹿是一件费时费工的事情。首先要抓到坡鹿。保护区里的坡鹿虽然数量很多了，但要想抓到它们并不容易。工作人员们分头行动，他们先在树林里竖起一张大网，长达二三十米，高有2米左右，把大网拉开后松松地竖着固定在大树上，然后人们分头包围坡鹿，把它们向有网的树林里赶。有些坡鹿跑得急，没注意看到网子，就被网住了，守候在附近的人一拥而上，将被网住的坡鹿拿下；有些坡鹿看情况不对，就飞身跳过网去，有些则掉头向别的方向逃跑。现场人叫鹿跑十分热闹。迁徙坡鹿有严格的规定，每次要迁徙几头雄鹿、几头

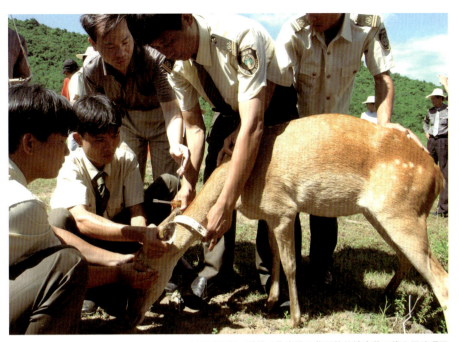

2003年7月,科技工作者给即将迁徙的坡鹿戴无线电跟踪项圈

雌鹿或几头小鹿,都有具体的数量,为的是让坡鹿们到了新家能够尽快适应环境"生儿育女"。同时还要为部分被迁徙的坡鹿们戴上无线电跟踪项圈,以便于科研人员在新的环境中对它们进行有效的跟踪监测。做完了这些工作,坡鹿们被装上汽车,送往"新家"。2003年7月这次迁徙,目的地叫猴猕岭自然保护区,位于海南岛主要山脉黎母山下,大广坝水库的东岸。这里的山脚下和水库之间有大片的丘陵草地,适合海南坡鹿栖息。我们运送坡鹿的车队在警车的引导下顺利来到水库边,直接开车上船,过了水库就到了猴猕岭自然保护区。打开车门放坡鹿们下车的时候,它们可能是有点晕车了,有些躲在车厢里不出来,有些跳下车以后向四面八方乱跑,显得十分可爱。稍稍适应了一会,它们就都凭着本能向山下的树林中跑去,一会儿就不见了踪影。在此之后,大田保护区好几次迁徙坡鹿,共有数百头坡鹿被迁徙到别的保护区放养,扩大了它们的栖息范围。

2005年1月,已经升任大田保护区管理局局长的李善元,约我和

在猴猕岭和当地农民的水牛和睦相处的海南坡鹿

奔跑的海南坡鹿

省野生动植物保护管理局的苏文拔等朋友一起，又来到第一次迁徙坡鹿的猴猕岭自然保护区，了解坡鹿们到"新家"以后的生活状况。渡过大广坝水库下船以后，远远就可以看到小群小群的坡鹿在草坡上觅食或休息，通过望远镜，可以看到有许多新生的小鹿跟在雄鹿和雌鹿后边玩耍，好像要比在大田保护区更容易观察到。还有些坡鹿在草坡上，和当地农民的水牛混在一起觅食，一副安详快乐的样子。这个保护区的坡鹿看来生活的无忧无虑。而保护区的条件也有了很大的改善，盖起了一座漂亮的小木屋，还开辟了小块菜地种着青菜。当晚我们在这个小木屋里畅饮啤酒，也祝海南坡鹿鹿丁更加兴旺。

到现在，在人们的悉心保护下，大田保护区的坡鹿，已经从七十年代的二十多头，繁衍增加到了1700余头，分散在海南的大田、猴猕岭、保梅等好几个自然保护区里，一个濒临灭绝的物种又重新恢复了生机。

# 雨林精灵——海南长臂猿

2011年9月下旬,海南霸王岭国家级自然保护区的朋友电话通知我,他们在保护区新发现一个海南长臂猿种群,而且最近新添了一只小宝宝。这可是重大的新闻啊。第二天一早我就开车赶往霸王岭。经过几天翻山越岭的追踪,终于亲眼目睹了这个新种群和可爱的新生小宝宝。至此,海南长臂猿种群的数量扩大到3群,总数达到了20只以上。遗憾的是,对于一个物种来说,这个数量还是属于"极度濒危"级的。

长臂猿和猩猩、黑猩猩、大猩猩一起,并列为四大类人猿。海南长臂猿是中国数种长臂猿中独特和最珍贵的一种,仅生活在海南岛霸王岭自然保护区的热带雨林中。它们不仅是一个濒临灭绝的珍稀物种,还是研究人类起源和进化过程的重要对象,其珍稀程度更甚于"国宝"大熊猫。我和海南长臂猿的缘分始于1997年。

类人猿是生物界中和人类"血缘"最近的动物,是地球上仅次于人类的高级灵长类动物,是人类研究物种进化、生态学、动物学、人类学、现代医学、心理学和社会学的重要对象。目前,长臂猿在世界上仅有一科四属,多数学者认为有12种。它们分布在印度、越南、缅甸、马来西亚等国的热带雨林之中。在中国,则有白掌长臂猿、白颊长臂猿、白眉长臂猿、黑长臂猿等长臂猿,栖息地在云南、海南和广

海南长臂猿一家三口

雌性海南长臂猿

机警的雄性海南长臂猿

西的局部地区。其中仅在海南昌江县霸王岭原始热带雨林生存的海南长臂猿，是中国特有种，也有专家认为它只是黑长臂猿的一个亚种。但不论是独立的一个种或者是一个亚种，它们的珍稀性、濒危度却是无庸置疑的。在1999年中国灵长类专家起草的灵长类动物保护行动纲领中，海南长臂猿被列为最濒危灵长类动物之首。

### 初见"猿家庭"——它们的手臂实在长

为了了解、拍摄和报道海南长臂猿的生存状况，从1997年开始，我每年都数次到海南岛西部昌江县和白沙县交界处的霸王岭国家级自然保护区，探访海南长臂猿的秘密。

2001年7月，我又一次来到这里。霸王岭是中国唯一以保护海南长臂猿为主的国家级自然保护区，面积达299.8平方公里。这里山脉纵横，河溪密布，生长着繁茂的原始热带雨林。你可以想象，要在这样一片大森林里找到几只身手敏捷的长臂猿，和大海捞针有多少区别？

7月17日，在保护区管理局副局长张剑峰的带领下，我们驾驶越野车来到了南叉河。这是位于保护区半山腰的一个观测点，海拔约650米。四间砖瓦平房一字排开，旁边有一条清澈的溪水长流，3－4名保护区工作人员常年驻守在这密林深处，每天进山巡逻，守护着长臂猿的安宁，风雨无阻。南叉河就是我考察长臂猿的"大本营"了。

第二天一早5点钟我们就起床了。吃两碗昨晚的剩饭，整理好相机和镜头，背上水和压缩饼干，在张剑峰的带领下，打着手电筒上山去寻觅长臂猿。

在这里考察长臂猿，一般是采用"鸣声定位法"。因为海南长臂猿有一个习惯，每天清晨太阳刚刚露出远方的山梁，它们就会大声鸣叫，叫声可远达2－3公里之外，其声清扬悦耳。为了能判断出长臂猿活动的大概位置，观察人员必须在太阳出来之前爬上山岗等待，如果运气好，等待的位置正好能听到它们的叫声，在听到它们叫声的同时立即以百米冲刺的速度去追赶，方有可能看到长臂猿。但是因为林中难行、叫声遥远等种种因素的影响，往往是等我们连滚带爬地跑过去，长臂猿的鸣叫声已经停止，早已不知所踪了。那么就只好在这里等待它们第二次鸣叫。但是长臂猿的鸣叫，并不是有确定的规律可循。如果天气不好或者下雨，它们在早上也许就不会鸣叫，上午的鸣叫更不确定，有时叫有时不叫，而有的时候，它们还会在午后一点左右再鸣叫一次。长臂猿为什么要鸣叫呢？专家的研究认为，长臂猿的鸣叫是为了表明一种领地的占领，表示这里已经有了主人，告诉别的长臂猿别到这里活动和觅食了。它们的叫声悠扬婉转，声音洪亮，往往是一只公猿先叫，然后是猿群的"合唱"，每次持续时间从3、4分钟到20余分钟不等，可以说是一种很好听的声音。倾听和记录鸣叫声，是研究长臂猿的一种重要方式，在进行长臂猿种群数量调查时多采用定点倾听记录和三角定位相结合的方式来摸清它们的数量。不过这种固定的鸣叫虽然为我们追踪考察长臂猿提供了很好的方向，可这也是以前的偷猎者猎取长臂猿时的主要跟踪方法，给大量的长臂猿引来杀身之祸。

第一天上山，我们从住处南叉河一口气摸黑爬到海拔1030米的横岗，然后在林子里静静地等待它们的叫声，结果一直到9点45分才听到很远的地方传来猿叫声，根本没法跟踪。继续等待下去，但直到12点半也没有再听到动静，我们只好返回住地。下午的时间，只有睡觉烧火做饭和聊天，还有无奈的等待。南叉河观测点不通电不通电话，也没有电视，晚上7、8点大家就钻进睡袋睡觉了。第二天又是5点起来，打手电上山。今天我们直接向昨天长臂猿鸣叫的丁字岗方向攀登，7点35分爬到了海拔900米的丁字岗上，等到9点51分的时候，远处传来了猿鸣声，因为太远我们还是无法跟踪，在山上等到下午1点半也没有再听到它们的叫声。如此往复3、4天，每天披星戴月地爬山过河，累得腿都肿了，还被山蚂蟥咬了无数口，都是无功而返。几年来，我每年到霸王岭保护区3至4次，每次在山里住十天到半个月，每天都是这样摸黑上山找猿，没有一次能够追上它们的。我已经绝望了。这时张剑

海南长臂猿栖息的霸王岭雨林

峰说，观察长臂猿就是这样，他们天天在山里跑，也是经常闻其声而不见其影，要有足够的耐心才行。

7月20日，我们又是一早就爬山，继续到丁字岗等待。9点零6分的时候，在我们上方约七八百米的地方传来了海南长臂猿嘹亮的叫声，这是几天中距离最近的一次了。没有丝毫犹豫，我们拔腿就向着猿叫声的方向奔去。大约10分钟的时间，长臂猿的叫声停止了，可能它们已经开始早餐了吧？我们继续沿着原来的方向往上爬，半个多小时已经累得几乎无法喘气了，双腿酸痛麻木。浓密的雨林中，大乔木下各种植物横竖乱长着，好像都在和我们作对。我一脚踩断了一根枯树枝，滚下山坡2米多远，发出噼啪的响声。忽然，就在我们头顶的大树上，长臂猿发出短而急促的叫声！原来我们已经跑到了长臂猿觅食的大树下，只是因为林木茂密，我们和长臂猿竟都没有发现对方。这一摔跤，竟摔出了我和长臂猿的第一次相会！怕惊走了长臂猿，我和张剑峰趴在地上不敢动，慢慢挪动身体，在大树枝叶的缝隙中寻找长臂猿的身影。透过密密的树叶，我看到一只金黄色的长臂猿，一只手臂悬挂在树枝上，和我四目相对，怀里还抱着一只浅黑色的幼仔。啊，它的手臂实在是长，看上去比它的整个身体和腿还要长！这时候长臂猿也看清楚了我这个"异类"，同样很吃惊，还没等我端起相机，它挥动长臂，唰唰几下已经荡到密林深处去了。我们第一次艰难的相遇就这样短暂地结束了，我甚至还没有来得及看清它的面目。

### 雨林中的精灵——神秘的海南长臂猿

海南长臂猿生活在茂密的原始热带雨林之中，学名Hylobates hainanus Thomas1892，英文名Hainan Gibbon。成年海南长臂猿身高110厘米左右，体重7至8公斤，双臂展开长于身高是它们的最大特点。其毛色不论雌雄在刚出生时都是浅黄色，长到半年左右的时候，又都变为黑色，从进入亚成体阶段开始，雌猿的毛变为黄色而雄猿还保持黑色，是一个十分神秘的物种。甚至对于它的分类，目前在学术界也还存在不同的观点。一些学者认为它是一个独立的种，另一些学者认为它是黑长臂猿的一个亚种。但是，最新的研究已经证明，海南长臂猿和黑长臂猿二者之间在鸣叫的声音、毛色和体形上都有不同之处，DNA的碱基序列排列也有不同。

在雨林中考察长臂猿，工作一般都集中在凌晨到中午之间，整个下午和晚上的时间正好是我向科学家们和保护区工作人员了解海南长臂猿生活习性的好时机。

陈少伟是已经在霸王岭保护区工作了十几年的老巡护员，对这里的山山水水十分熟悉，也是我的向导，在巡护过程中很多次观察到海南长臂猿。它们吃什么呢？少伟告诉我，雨林中的野荔枝、榕树果、野橄榄、山黄皮等上百种野果都是海南长臂猿的美食。此外，各种嫩树叶也是它们充饥的食物。林中的小昆虫偶尔也会成为它们捕食的对象，但是并不常见，有时遇到从附近飞过的昆虫，长臂猿会飞快地伸手去抓，抓住就吃，但没有专门捕食昆虫的习惯。如果遇到鸟的巢穴，它们也会掏鸟蛋来吃。但它们还是以野果和嫩树叶为主要食物。一个特殊的现象是，长臂猿会主动珍惜食物：如果这一棵大树上的果实很多，那么它们只挑选成熟的吃，对不熟的果子也不糟蹋，而是会过一段时间再返回来，等果子长熟了再吃。

海南长臂猿喝水是怎么解决的呢？往常认为它们从野果和嫩叶等食物的摄取过程中就得到了水分的满足。其实，长臂猿还是会专门找水喝的。虽然它们是绝对的树栖动物，一生也不会下地行走觅食，但树冠就是它们的家园。张剑峰告诉我，1998年11月17日，他在观察中发现，有一只雄性长臂猿探头在树洞里喝水；在比较深的树洞，它还会把手伸进去取水喝；它们的脑子很聪明！

在动物中长臂猿是进化程度较高的一类了。那么它们的社会（群体）行为是什么样的呢？这是专家们最关心的问题之一。专家和霸王岭保护区的工作人员多年的观察研究证实，海南长臂猿以"小家庭"的群体方式生活，一个群体一般有一只成年公猿、2只成年的母猿，及1、2只未成年个体——长臂猿的性成熟期很长，一般要到7-8岁才能繁殖后代，在性成熟之前，未成年和父母生活在同一群中。"一夫二妻"加1、2只未成年猿，是一个"小家庭"的标准组成。但是瑞士学者托马斯·吉斯曼告诉我，他在印度尼西亚、缅甸、柬埔寨等地的考察研究中发现，那里其他种的长臂猿都是"一夫一妻"的。他认为海南长臂猿的一夫多妻，可能是因为这个亚种特殊，也可能是因为植被、地域等环境因素的影响，使它们无法分太多的群。长臂猿"家庭成员"之间有许多亲密的行为表现，比如互相梳理毛发就很有意思。梳理毛发是一种"亲密友好"的行为表现，许多巡护员在日常观察中都看到，在猿群中，成年雄性和雌性之间经常互相理毛，成年雌性之间也互相理，而且成年雌猿还会给青年猿理毛，但雄性猿从不给青年猿理毛，不仅如此，它们之间还经常会发生打斗现象。这可能意味着它们已经意识到将来它们之间会发生"权力"之争。对抱在怀里的幼猿，母猿会尽力呵护，别的猿想和它玩耍一般会被母猿赶走，也从不让别的猿抱。陈少伟还观察到成年公猿摘下野果送给怀孕的大肚子母猿吃，并且在树上行走时拉着它的手认真"照顾"，群体成员间关系比较密切，甚至很有"人情味"。霸王岭自然保护区中现在栖息着三个猿群，因为保护区面积巨大，它们很少有相遇的时候。陈少伟告诉我，他有一次曾经观察到两群猿相遇，它们并未发生打斗，很快就分开，各自去往自己的活动区域。

2003年10月，我随国际联合科考队来到霸王岭寻找海南长臂猿的踪影。这是一次大规模的国际性考察，考察队共有中外专家和工作人员39人，分工明确，各司其职，甚至还有专门负责后勤保障的工作人员，吃饭都不用自己做了，每3天有专人往营地送一次给养，每2天可吃到一次炒鸡蛋，每人还发了一瓶二锅头白酒，考察阵容和后勤保障都堪称"豪华"。这一次，我和一组考察队员一起，在保护区的中心地带海拔900多米的丁字岗密林中扎下帐篷，希望能有好运气就近观察到长臂猿。经过一个多星期的艰苦寻觅，10月20日我们终于看到和拍摄到了海南长臂猿。

这天凌晨，我和向导阿德一起，天不亮就打着手电筒出发。阿德在密林中方向感极强，他不会用GPS定位仪，也不看地图，但是说到哪里就能走到哪里，令人惊奇。他带着我来到昌江与白沙县交界处海拔1100米的一座叫"南班大沟"的山脊上等待长臂猿的鸣叫。坐在山坡上等待，汗水湿透的衣服被山风一吹，冷得我们瑟瑟发抖。6点50分，在我们左前方的山坡下传来了清晰的猿鸣声，是一只公猿在"独唱"。由于地形有利，阿德带着我，顺山坡向下猛跑。跑了10来分钟，猿鸣声已经越来越近，好像不到200米的样子，忽然叫声停止了。我们知道紧接着还会有群猿的"合唱"给我们指引方向，所以也不着急，正好停下来喘一口气。果然，正像以前的规律一样，前方很快就传来了群猿欢快的叫声。向导跑得快，我们又都穿着丛林迷彩服，转眼间他就在密林里不见了人影。这时我们是在一条不太深的沟谷中，猿叫声停了，我辨不准方向，只好在原地使劲吹口哨。这是我们约定

国际著名长臂猿专家托马斯·吉斯曼（左）和陈辈乐博士在雨林中观察长臂猿
摄于2003年10月

的联络方式，如果这时候大声说话，就会吓跑猿群。我顺着向导的口哨声拨开树枝小心地往前走，生怕发出一点响声惊跑了猿群。走到向导阿德藏身的树丛边，透过密密的树枝向上看，在四五十米左右远处高高的大树上，一只怀里还抱着幼猿的雌猿和一只黑色的大公猿正向我们藏身的地方观望，但是因为树林密，我们又穿着迷彩服，它们大约没看到。多美的画面啊，真是十分难得。我拿出相机装上长焦镜头开始紧张地拍摄，生怕相机的快门声音会被它们听到。

　　这是我第一次如此近距离地观察和拍摄海南长臂猿。黑色的公猿全身乌黑没有一点杂毛，而金黄色的雌猿，在头顶上有一撮黑毛，肩膀处也有一些深色的毛。两只成年猿体形大小相当，蹲坐在树上两臂显得特别长。因为光线太暗，拍摄很困难。我向四周观察，发现在不远的树上还有一只黑色的未成年猿和一只毛色发灰的成年母猿在活动。这一群是五只长臂猿，它们可能感觉到附近我们的存在，显得有

在林中凌空腾越的海南长臂猿

凌空飞跃的长臂猿

些不安，在树枝间跳来跳去，而不是安静地觅食。我们只好藏在原地不动，也不敢按动相机的快门，等待长臂猿安静下来。我发现，长臂猿在树枝间短距离走动的时候，是"手脚并用"、身体直立地走；而行走距离较远时，基本上是只用两只长臂膀，采用一种"臂行法"行动，就是用两条长臂钩住树枝，向前相互交叉移动，像荡秋千一样从一棵树荡跃到另一棵树。连续荡跃时借助树枝的弹性，身体悬空飞跃而去，脚不着树，十分敏捷，速度快得惊人。吃东西的时候它们在树枝上或坐或站，用手摘果子或嫩树叶往嘴里送，和人一样。碰巧的是，我们还看到一只公猿排便：它两手抓着树枝，身体悬于空中拉大便。为了从更好的角度观察长臂猿，我们试着在树下移动位置，发出了一些响动，长臂猿就立刻警惕地凑过来看个究竟，大约是觉得我们没有危害它们的意思，它们并没有立即逃离，而是和我们一直保持着四五十米的距离。这样的观察和拍摄一直持续了30余分钟，将近8点的时候，猿群忽然加快了跳跃的速度，一转眼就从我们的视线中消失了。大概它们觉得有人看着自己很不自在，而我却不知什么时候才能再见到它们？

等我们返回营地已经是下午了，观察组的同事多数还没回来，营地显得有些空旷。我虽然又累又饿，但十分高兴，5年多的苦苦追寻终于在今天有了好结果。我叫阿德在旁边休息，决定亲自做饭给大家吃。找遍了营地，只找到一些青菜和方便面，青菜在这里也是很珍贵的食物了，点起火来，我就用青菜、10个鸡蛋一起煮了一锅方便面，叫已经返回营地的香港专家陈辈乐博士、瑞士专家托马斯博士还有向导等人一起来享用，分配给我的那瓶二锅头也拿出来请大家喝，拿出珍藏的香烟请大家抽。托马斯看到我高兴的样子，开玩笑说，我现在就像他们那的人生了儿子一样高兴，给大家分香烟呢。我说就是啊，我生个儿子也还没有拍长臂猿这么费劲呢，费了5年多的劲才拍到它们。吃完饭，我从帐篷里拿出电脑，和大家一起看早上拍的长臂猿照片。照片上，一只只长臂猿神情自然，有的玩耍，有的觅食，有的互

带着幼仔在树上行走的母猿

相梳理毛发，有的发呆休息，拍摄可以说十分成功。托马斯是研究长臂猿的权威专家，他看了这些照片很想要几张用于自己的论文和研究报告，并反复告诉我不是盈利性的出版。我说没问题你看上哪一张就随便选，后来也确实送了一批照片供他带回去使用。因为我觉得他们都是为了保护长臂猿的生存在努力工作的，也都十分辛苦，我也从他们那里学习到很多关于长臂猿的知识，再说没有这些人在一起努力，我可能也拍不到这些照片，所以给他们用也没有什么舍不得的。多年来我在所有保护区和考察活动中拍摄的各种图片，除了发稿以外，都免费提供给他们使用。

对于海南长臂猿，海南本地的记载，最早出现在地方志中。如陵水（1688年）、儋州（1891年）的地方志中都有长臂猿的记录。清宣统三年《琼山县志》物产篇写到："猿雄黑雌白，似猴而大，两臂甚长，攀援树类，往来甚捷。"宣统年间《崖州县志》也有记载："猿有三种，金丝玉面者，黄玉面者，纯黑者面亦黑。形似猴而无尾，两臂甚长……"琼山现在属于海口市，而崖州就是现在的三亚市。这说明当时在海南岛，从南到北都有长臂猿的分布，并不希奇。《琼山县志》上甚至还有如何饲养长臂猿的记载："畜之者亦须置树间，近土气即病泻以死。"这些笼统、零星的记载虽然说明当时的人们已经注意到海南长臂猿这一物种的特殊性，但对它们进行科学的研究则是到了20世纪50年代以后。

**艰难的研究历程——从无知到理性**

从地方志上看，直到20世纪初，海南岛的长臂猿分布还很广泛，从南到北都有。但是到底有多少、具体分布的生活环境怎么样？这些最基本的数据都是未知数。2003年10月底，在海南霸王岭保护区举行的"海南保护长臂猿行动研讨会"上，我巧遇中国第一代研究海南长臂猿的老专家刘振河教授。上个世纪60年代初，大学刚毕业的刘振河在中科院中南分院（广州）昆虫研究所工作。1963年到1965年，他随该所的野外考察队对海南岛进行野生动植物考察，和海南长臂猿结下了不解之缘。他告诉我：他们的考察队通过实地调查、走访老猎人、伐木工人等方式的调研和抽样调查，估计上个世纪五十年代的海南岛，从山区的白沙、昌江、保亭、乐东等县，到沿海的琼海、万宁、陵水等12个县的原始雨林中都有海南长臂猿生存，总数约有2000只。当然这只是一个大约数字，并不十分准确，但毕竟是海南岛历史上第一次对长臂猿进行科学的种群调查结果，而且这一数字也被一直引用至今。从那以后的30多年中，刘老先生可以说把一生的精力都献给了海南长臂猿的研究事业。他说，直到1983年，我们的实地调查证实在五指山、尖峰岭、黎母山、鹦哥岭和霸王岭林区中生活着7至8群长臂猿。当年考察队的另一名参加者徐龙辉教授在他的回忆文章中称，当时在尖峰岭考察时，他们住在林业局招待所里早上就能听到长臂猿的鸣叫声，还在尖峰岭采集了一公一母两只海南长臂猿标本。正是在他们的亲自主持和大力推动下，1980年霸王岭建起了中国第一个长臂猿

霸王岭雨林内部

自然保护区。

  从20世纪50年代到90年代初,海南岛的热带雨林一直被有计划地砍伐着(海南岛1994年停止采伐天然林),长臂猿的栖息地不断减少,加上盗猎行为普遍存在,海南长臂猿的数量在这几十年中急剧减少。2003年10月29日,经过多国专家半个多月的大规模野外实地考察和室内科学分析,国际著名长臂猿专家、瑞士苏黎士大学教授托马斯·吉斯曼在海南岛霸王岭自然保护区向新闻界和来自美国、法国、英国、香港和国内的长臂猿研究专家宣布:海南长臂猿目前能确认的种群数量是,2群,外加几只独猿,共13只左右,且都集中在霸王岭保护区内,其他地区均无它们的踪迹了。人们的无知行为使海南长臂猿走到了灭绝的边缘。

  在国际灵长类研究领域,长臂猿也是四大类人猿中研究最少的一类。托马斯告诉我:现在查明,长臂猿仅分布在南亚和东南亚地区的热带雨林中,共有越南、老挝、印度、马来西亚、泰国、缅甸、印度尼西亚、柬埔寨、孟加拉、文莱、中国11个国家有长臂猿分布，而中国的云南和海南岛是它们生存的北限。但是长臂猿究竟有多少个种和亚种、它们在野外的具体数量等，都还是有待解开的科学之谜。有些种或亚种，可能在人们还没有认识它们之前就已经灭绝了。

　　上个世纪四五十年代以前，科学界对长臂猿的了解甚少，仅限于传说、猎人的描述和极个别长臂猿尸体的观察。比如"长臂猿有150只一群的大群，在林中会到地面活动，还会攻击人类"（见Owen.cit.in Blyth 1844）等，完全是道听途说。那时候欧洲研究人员获得长臂猿的方式是打死母猿再抓获幼猿。但是因为人类对长臂猿的生活习性很不了解，甚至不知道它们以什么为食，所以幼猿往往也很快死亡了。之所以出现这种情况，主要是因为长臂猿都生活在人迹罕至、偏远蛮荒的热带雨林之中，加上它们生性胆小机警，在野外要想观察和研究它们难度很大。直到20世纪初，欧洲人开始注重长臂猿生理结构的研究，但其方式在今天看来也极不可取。1937年，一支以瑞士学者为主的科学考察队来到泰国的清迈，为了进行研究，共猎杀了146只所能遇到的各种长臂猿，进行生理解剖等项研究，这是已知规模最大的、也是最后一次这种形式的科考活动。同是在这次考察中，Clarence.R.Carpenter教授用三个月的时间进行艰苦的野外观察，记录长臂猿的食性、栖息环境等，并首次录下了长臂猿的鸣叫声。从那以后，长臂猿行为学的研究才逐渐展开。从这里可以看出，长臂猿研究是一条漫长和代价巨大的科研之路。

　　行为学的研究是野生动物研究中最困难和费时费力的。说白了，就是要在研究对象的栖息环境中生活和工作，在不影响它们生活的前提下去观察记录它们的生态行为。在霸王岭保护区雨林中观察研究海南长臂猿生态行为整一年的周江博士，给我讲了一个下雨天长臂猿的故事。按照人们的常识，下雨天，长臂猿可能本能地找雨小的树林子躲藏起来。但是周江在雨天的观察正好相反，每遇大雨，长臂猿往往会跑到大树的树冠上坐着，任雨水冲刷，有时候还会在大雨中趁着雨水互相梳理体毛。可以想象，仅仅观察到长臂猿的这一行为现象，研究者就要付出多少辛劳！

### 长臂猿出路何在——未解之谜

瑞士苏黎士大学教授托马斯在东南亚地区的研究表明，由于热带雨林生长得好，当地一群长臂猿（4-5只的家庭）一般有1平方公里的树林即可生存；而在海南岛霸王岭保护区，周江的统计是同样一群长臂猿需要4-5平方公里的林地才能生存。这说明林地的质量对长臂猿的生存很重要。但是保护长臂猿是不是有了足够大的雨林面积就够了呢？霸王岭保护区的面积相对于现存的海南长臂猿而言似乎不算小了，而且这里的原始热带雨林是海南岛现存最好的雨林。就海南长臂猿的生境问题，我请教了中国科学院地理所著名动物地理学家张荣祖，他认为，从目前来看这里的雨林质量很好，再者长臂猿也会主动适应环境的变化，比如过去它们都是在海拔1000米以下的区域生活，现在，云南的长臂猿活动区域已经上升到海拔2000米的高山，海南长臂猿也会出现在海拔1200米以上的山地雨林中，这都是它们逐步适应环境变化的表现。所以环境仅仅是制约长臂猿生存发展的一个因素。

为什么这里的长臂猿种群数量几年来并没有增加呢？从1998年到2003年，研究人员在长期观察中发现，2群长臂猿中的母猿产仔达4只，经常可以看到母猿的怀里抱着幼仔，我在1997年至2012年追踪报道海南长臂猿的过程中，曾经6次看到和拍摄到海南长臂猿，每次都看到母猿抱着幼仔。这些幼仔有没有长大呢？是不是幼猿还未长成就夭折了？如果是长大了，为什么没有见到新分出来的猿群呢？因为长臂猿成年以后不可能一直和父母生活在一起，必会组成新的猿群，但至今霸王岭保护区只在2011年发现一个新种群出现；它们长大后去了哪里？也有一种可能，就是青年猿长大以后赶走了过去的老公猿，取而代之成为"一家之主"，不过，从1980年建立保护区以来，这里从未发现过一只长臂猿尸体。当然也有可能是偷猎者偷打了长臂猿，保护

霸王岭保护区工作人员和香港嘉道理中国保育专家刘惠宁博士（左二）在当地进行保护长臂猿的社区宣传
摄于2005年1月

区周围各县生活着4万余名黎族苗族村民，对长臂猿的保护形成很大压力——他们祖上就认为用长臂猿连肉带骨一起熬成的"猿膏"是大补之物，其他动物当然也在他们的狩猎范围之内。但这些情况现在得到了逐步控制，偷猎虽未完全杜绝，但偷猎长臂猿的事不可能在这里发生。在霸王岭保护区，陈少伟曾看到过老鹰袭击长臂猿，但是长臂猿看到老鹰就会藏到树枝下，也会挥舞长臂反击，老鹰几乎没有成功的可能。有些研究人员认为蟒蛇也可能会上树偷袭长臂猿，但绝大多数研究人员认为在这么大面积的保护区中，蟒蛇要想等到数量这么少的长臂猿而捕食之，成功概率很低。刘振河教授则认为，在海南岛，长臂猿根本就没有天敌。此外，海南长臂猿现在数量这样少，近亲繁殖是一个无法避免的现象。种群数量稀少肯定会导致近亲繁殖，但是从以往的实例来看，国内外都有过濒危物种从很少的数量发展壮大起来的实例，朱鹮就是通过人们的悉心保护从灭绝边缘起死回生的。有没有可能因为长臂猿是高等动物，近亲繁殖对它们的不利影响更大？所有这一系列未知，都是研究人员将要努力的方向。

海南长臂猿研究专家、华南濒危动物研究所江海声研究员说：现在海南长臂猿的数量已经不是一个重要的问题，重要的是我们应该倾注更多的努力去关注它们的命运。

海南长臂猿的科研和保护之路艰难而漫长！

圆鼻巨蜥

# "发现圆鼻巨蜥"

2008年6月5日,我正在海南省文昌县的一个饲养场采访蟒蛇人工繁育的事情,忽然接到香港嘉道理中国保育主管、动物学家陈辈乐博士的电话。他告诉我,他们在鹦哥岭保护区发现了野生圆鼻巨蜥幼崽,叫我赶快去。

香港嘉道理农场暨植物园是香港的一个科研环保机构,虽然名字叫农场,但是既不种菜也不产粮,并不生产农作物。该机构常年资助国内的生态环保项目,尤其对海南的热带雨林保护和生态环境建设给予了很大的资金和科研力量的帮助,十多年来派遣了很多香港和外国专家来海南帮助工作,陈辈乐就是其中之一。他是该机构中国保育主管,生物学博士,鱼类和两栖爬行类动物专家。除了协调该植物园在中国境内各地和海南岛各保护区资助的环保生态项目的工作以外,还兼任了海南省鹦哥岭自然保护区的副主任职务,每个月都要来海南工作一两个星期,我们相识十几年,经常一起到野外考察,相处甚欢。

接到他这个电话我很兴奋。因为我之前就了解过,海南岛已知的28种蜥蜴中,一般的都是小蜥蜴,都还可以见到,唯独这种属于国家一级保护物种的圆鼻巨蜥神龙见首不见尾,自从二十世纪五十年代在海南岛的野外考察中有过文字记录以后,除了人们的传说,在野外再没有发现它们的踪迹,许多人都认为它们在野外已经灭绝了。这种蜥

圆鼻巨蜥

蜥成年个体体长可以达到2米左右，是中国境内个头最大的蜥蜴，这次的发现当然很有意义。我先放下文昌的工作，约上正在文昌出差的海南大学生命科学学院的张立岭教授，当天晚上就开车赶到了鹦哥岭。张教授是研究爬行类动物的，但他也是一辈子都没见过圆鼻巨蜥，听说现在发现了一窝巨蜥的幼崽，高兴极了，话也多了，一路上向我介绍了不少圆鼻巨蜥的情况。

第二天一大早，我们和香港及外国专家汇合在一起，前往发现巨蜥幼崽的昌化江上游的一条支流地区。保护区巡护员王阿共告诉我们，这几条巨蜥幼崽是当地某镇某村的小孩子在河边玩耍的时候发现的，就抓回了村里，大约是5月25日抓到的。因为保护区的工作人员经常在这些村庄进行社区环保宣传教育工作，村民们已经有了初步的动物保护意识，幸而没有把这几只巨蜥幼崽吃掉。鹦哥岭保护区护林员知道这个消息以后，立即赶到村里将6条圆鼻巨蜥的幼仔带走保护了起来，每天捉蟑螂、蚂蚱等昆虫活着喂给小蜥蜴吃，6条小蜥蜴已经比刚拿回来时长了十几厘米，现在有50余厘米长。我仔细观察这些罕见

圆鼻巨蜥

的蜥蜴，它们黑色的躯体上有鲜亮的黄色花纹，爪子细长、尖利，虽然被关在铁丝笼子里，但它们活泼、机警，不时吐出长长的"丫"字形的舌头探测周围的气息。几位专家在那里对巨蜥幼崽进行了仔细观察记录，并从笼子里取出一条蜥蜴崽进行了身体检查和各种数据的测量，初步判断它们出生大约有一个月，除了鼻子上有一点擦伤以外，身体健康、活拨、性情凶猛，好像有很强的攻击性，隔着铁丝笼子向外猛扑，擦伤也是由此造成的。听了这话我也觉得挺吃惊的，我在海南热带雨林中采访、考察旅行，见到过变色树蜥、多线南蜥、丽棘蜥等多种蜥蜴，一般都只有二三十厘米长，这些圆鼻巨蜥的幼崽出生才一个月就长到了50余厘米，长大后肯定是个巨无霸。张立岭教授则兴奋地把小蜥蜴举到嘴边吻了几下。

难得一见的圆鼻巨蜥，看是看清楚了，可是拍摄照片却难办。隔着铁丝笼子是可以拍摄，但效果很差，总有铁丝遮挡着镜头，拿出来拍摄又担心蜥蜴逃跑。后来陈博士想了一个办法，他说他可以把蜥蜴崽拿出来一条，对它进行"催眠"，等蜥蜴崽被催眠以后很短的安静时间里，我再拍照，看来也只有这个办法了。陈博士从笼子里拿出一条蜥蜴，我们选了一个平坦的地方，几个护林员在四周守卫，防止催眠不成蜥蜴逃跑，然后陈博士把蜥蜴放在一段倒地的树干上，一手扶着它的身体，一手的手指头轻轻地压在蜥蜴的两只眼睛让它闭上眼睛，大家谁也不敢出声，等着看蜥蜴会不会睡着。过了十几分钟，陈博士慢慢从蜥蜴身上移开了双手，蜥蜴果然还趴在原地不动，我把相机调整在高速连续拍摄功能，抓紧机会赶快拍了一组照片，但是蜥蜴无精打采、眼睛无神地半睁着，好像被催眠还没有清醒一样，图片效果并不理想。但也只能如此了，这只迷迷糊糊的蜥蜴又被放回了笼子里。

为进一步研究这难得的圆鼻巨蜥活体，专家们决定把它们带回保护区人工饲养一段时间后再放归野外。这次的重要发现证明，在海南的热带雨林中，目前确有野生圆鼻巨蜥在野外生存并能繁殖后代，这个物种还没有灭绝。这一消息配着图片由新华社发布后，国内外报刊和大量的网站做了转载，成为轰动一时的生态新闻。

到了6月底，鹦哥岭保护区准备把饲养观察了近一个月的巨蜥幼崽放归野外，他们通知我一起参加这一活动。28日，我赶到鹦哥岭与陈辈乐等专家们汇合，然后开车东转西转走了很远的山路，来到一个偏僻的小溪边，分别在不同的地段将巨蜥幼崽们一一放回了溪流边的树林里。这一次，因为蜥蜴们是被放归山林，不用催眠，它们从布袋里被拿出来以后非常高兴，瞪大了眼睛左顾右盼，伸出长长的舌头四处探查周围的气息，显得十分活泼和精神，我自然拍摄到了很好的巨蜥照片。陈辈乐还一再嘱咐我，在报道中千万不要提起野放蜥蜴的具体位置和地名，以免它们被别人捉走吃了。海南部分人吃野味的陋习对当地的生态环境真是一个巨大的威胁。

看着一条条圆鼻巨蜥幼崽欢快地爬进树林，我在心里默默地为它们祝福，希望它们能健康地长大，不要被人抓住吃掉，同时也盼望着以后能有缘再在野外看到珍贵的圆鼻巨蜥。

和我们一同参加这次蜥蜴幼崽野外放生活动的欧盟中国生物多样

性保护项目专家组成员、英国生物学家费勒思（John Fellows）告诉我说，海南岛的热带雨林虽然面积不大，但与非洲、美洲、东南亚中南半岛上的热带雨林比起来，很有自己的特殊性，比如五指山、鹦哥岭等自然保护区，在海拔1500米以上的山地还生长、保存着很完好的热带雨林，这在全球几乎都没有，动物种类也随着雨林植物分布的要比别处更高；同时这里也是全球相同纬度上生长的最好的热带雨林了。但是这些地方的保护力度还不够，科研方面也还有很多空白，总之可做的事情还很多。

此后，我和我自然保护界的朋友们有时各忙各的事情，有时一同外出考察。到了2009年5月20日，海南省野生动植物保护管理局局长王春东给我打来电话，兴奋地告诉我：他们当天在尖峰岭保护区热带雨林的动物调查中发现了一只圆鼻巨蜥的成年个体！

原来，省野生动植物保护管理局和尖峰岭自然保护区的科研工作者一行十余人，在尖峰岭保护区内进行野外动物调查时，在一条小溪边发现一条正在晒太阳调节体温的圆鼻巨蜥，这条圆鼻巨蜥体长约1.2至1.3米，为圆鼻巨蜥成年个体。它身体背部为黑色间杂黄色斑点的花纹，腹部为黑、黄相间的不规则条状花纹。科研人员对其进行了约3分钟的观察和拍摄工作后，圆鼻巨蜥返身进入密林中消失了。这是自2008年6月在鹦哥岭自然保护区发现圆鼻巨蜥幼崽后，时隔不到一年又一次在野外发现圆鼻巨蜥，而且是一只成年个体。这一重要发现也是自二十世纪五十年代以来海南岛在野外首次发现野生圆鼻巨蜥成年个体。我问，这个圆鼻巨蜥会不会是去年放生的巨蜥幼仔中的一条呢？保护管理局的动物专家苏文拔在电话里说：圆鼻巨蜥以各种鱼类、蛙类、蛇类等小动物和昆虫为食，体长1.2米至1.3米的成年圆鼻巨蜥大约需要10年的时间才能长成，所以这次发现的成年圆鼻巨蜥和2008年放生的圆鼻巨蜥幼崽，不会是同一群圆鼻巨蜥，这一点没有问题。尖峰岭自然保护区位于海南岛西南部的乐东县和东方市境内，面积123万亩，区内生长着茂密的原始热带雨林，栖息着260多种陆生脊椎动物和

陈辈乐博士（左）和费勒思博士研究圆鼻巨蜥幼仔

大量昆虫，动植物资源十分丰富，完全可以提供圆鼻巨蜥生存繁殖的环境和食物资源。

其实我也知道放生巨蜥幼崽的鹦哥岭保护区和发现成年巨蜥的尖峰岭保护区相距很远，中间隔着多条公路和人口稠密的地区，那些巨蜥幼崽不可能自己跑到尖峰岭保护区去。这一发现证明这种珍稀动物在海南不同的保护区内均有存活，并未灭绝。这真是一个好消息，我叫苏文拔尽快把他们拍摄的成年圆鼻巨蜥在野外活动的照片发给我，我根据电话记录写稿子，然后等到他发来图片一起发稿，又一次引起媒体的高度关注，报纸和大量的网站进行了转载。

圆鼻巨蜥是海南岛热带雨林中的大型食肉动物，基本处于食物链的顶端，在自然界没有什么天敌，唯一的"天敌"可能就是人类了，是部分人爱吃野生动物的陋习，使它们的生存受到巨大威胁。

幸运的是，在不到两年的时间里中，我们连续两次在野外发现珍稀圆鼻巨蜥，这对海南自然环境保护事业和关注海南岛生态环境保护的人们，是一个巨大的鼓舞。

# 巨蟒的幸福生活

海南岛西部的大田自然保护区是我去过几十次的一个保护区，生活在这里的海南坡鹿也是我多年来一直关注和报道的对象，所以我和这里的几任管理局领导和许多保护工作者都是熟悉的朋友。大田保护区经过30多年的努力保护，海南坡鹿的数量由当时的20多头发展到1700多头，并人工迁徙到海南的其他保护区数百头进行野外放养。坡鹿的生存危机解决了，但是保护区遇到了新的难题。

有一次去大田保护区，在聊天的时候，保护区管理局副局长张海说，近两年来，保护区工作人员在巡护过程中经常发现蟒蛇的粪便，里边有坡鹿的遗骸，2008年4月还发现一条大蟒蛇因为吞食了一只带角的成年公鹿，被鹿角刺破肚皮而死在保护区内；2009年5月初还发现一条吞食了一只成年赤鹿的3米多长的巨蟒。有时候他们也可以遇到在保护区里活动的蟒蛇，还抓到过，都送到文昌的海南蟒蛇研究所了。

这些事情引起我的注意。我查阅了一些资料，又专门到海南大学请教了生命科学学院的张立岭教授，他是研究蟒蛇的专家，同时兼任设在文昌市的我国唯一一个蟒蛇研究所的所长。原来，海南岛上的蟒蛇属于缅甸蟒，个头可以长到3至4米长，有成年人的腿那么粗，重达二三十公斤，性情十分凶猛，山里的野猪、黄猄和很多动物都是这种蟒蛇的食物，坡鹿当然也不例外。但是目前蟒蛇在野外已经很罕见了。

蟒蛇发出威胁

7个人抬着这条巨蟒

为了搞清楚这个问题，2009年的5月下旬，我约上张教授一起来到大田保护区。保护区管理局的许世英局长给我们介绍了这里蟒蛇和坡鹿等动物的大概情况。他说：大田保护区从1976年建立以来，坡鹿的保护取得了很好的成果，总数量已经从当年的20多头发展到1700多头，这个保护区的地盘已经不够坡鹿生活了，还移送到保梅岭等保护区几批，分散多点保护。现在大田保护区内的坡鹿还有960多头，此外，还有很多野猪、赤鹿、野兔、鼠类等食草动物、大量的鸟类等等。大概从3、4年前开始，我们发现两个情况，一是在野外巡逻的过程中，经常发现蟒蛇的活动痕迹和粪便，还发现过死在保护区的蟒蛇；二是保护区里坡鹿的繁殖率明显下降、数量变化不大。按照我们多年的研究计算，坡鹿在野外的繁殖率大约是15%，除了送到其他保护区的以外，现在生活在大田保护区的960多头坡鹿，每年应该繁殖100头左右的小鹿，但是我们的观察和记录证明，现在远远达不到这个数量，坡鹿数量的增加明显减缓，我们认为这和蟒蛇的捕食有直接的关系。从2007年至今，我们已经在保护区内发现和捕捉到28条大蟒蛇，都有3、4米长几十公斤重，全部送到文昌的海南蟒蛇研究所饲养，以保护海南坡鹿。但是没有被发现的蟒蛇肯定数量更大，坡鹿所受的威胁并未减少。坡鹿和蟒蛇都是国家一级保护动物，我们不能捕杀蟒蛇，保护工作难以两全。

听了许局长的介绍，我们知道了大概情况，但还想亲眼看看野外蟒蛇的样子。接下来的几天，我和张教授一起住在保护区。这里的生活条件和我1991年底来的时候相比已经大为改善，修建了职工宿舍楼还有招待所、整洁的食堂，可以喝到冰镇啤酒，住宿的房间也装上了空调。在工作人员的陪同下，我们每天到保护区里到处寻找蟒蛇的踪影，还和其他的巡护人员约好，不管谁，一旦发现蟒蛇的踪迹就赶快打电话通知我们。前两天，我们忍着酷热在大田保护区的草坡树林里整日寻找，看到和拍摄了坡鹿及一些昆虫、蜥蜴等小动物，还看到一条眼镜蛇，但不见蟒蛇的踪迹。5月19日上午，我正在一处密林中的空地上拍摄觅食的原鸡，接到了张海的电话，说有一组巡护员在保护区的鹅灯河附近发现了蟒蛇，叫我们赶快过去看。我立即开车找到张海，和他一起赶往鹅灯河。

这里是一大片比较稀疏的小树林，林下的地面上落满了树叶，基本看不到土地。我们在巡护员的带领下往发现蟒蛇的地方走，走了一会巡护员停下了，指着前边的落叶说，蟒蛇就在那趴着呢。我顺着他手指的方向仔细寻找，半天什么也看不见。他们说就在前边三米远的树叶下，不能再往跟前走了。我再用照相机的长镜头仔细看，终于在树叶下的缝隙里看到了蟒蛇的头，原来它全身都隐藏在树叶下边，真是好身手！海南热带雨林中的蟒蛇，现在在野外已经非常罕见，我在雨林中采访拍摄十几年这也是第一次看到。这次既然是发现了它，当然要看个明白。张立岭更是兴奋，他说他研究了这么多年的蟒蛇，还没在野外遇到过蟒蛇呢，机会难得。巡护员们找来几个前端有树杈的树棍，两三米长，先小心翼翼地把盖在蟒蛇身上的树叶一点一点拨开，我们看到了蟒蛇的样子，它身体上有黑黄相间的斑纹，黑的地方还闪着蓝色的金属光泽，在透过树林撒到地面的斑驳阳光下，和地面上的枯树叶混在一起，很难看出来。张教授说，光看外表就和研究所养的蟒蛇不同，皮肤有光泽。这条蟒蛇大概有3米多长，最粗的部位有碗口粗，它也知道再也藏不住了，身体快速地盘绕在一起，头高高抬起，嘴里发出"呼哧呼哧"的声音向我们发出威胁，并张开大嘴向靠近它的人快速出击，样子真够凶猛。我们也不敢太过靠近，离着3、4米远仔细观察，并拍摄蟒蛇各种动作的照片，然后在张海的指挥下开始"捕蛇行动"。护林员先找来一些树皮，树的名字我忘记了，他们说蟒蛇最怕这种树的味道，用树皮搓成条，在有树杈的树枝前部做成一个套环，离得远远地慢慢向蟒蛇的头上套，蟒蛇灵活地东躲西闪，还张嘴威胁撕咬树棍，几经反复，终于把环套在了它的脖子上，并按在地上不让它抬头，张立岭快步上前用双手抓住蟒蛇的脖子，其他护林员赶紧上前紧紧按住蟒蛇的身子和尾部，终于制伏了这条巨蟒。我

蟒蛇发动袭击瞬间

专家给蟒蛇测量身长

也上去摸了摸蟒蛇，它皮肤很光滑，有凉凉的感觉。蟒蛇在七、八双大手的按压下不停地扭动身体挣扎着，很不服气。因为是在野外，也没办法过多研究，张教授不停抚摸这蟒蛇，可能是想让它安静下来，还翻开蟒蛇身上的鳞片仔细看，说它身体很好，没有寄生虫。然后大家把蟒蛇装进一条大大的布口袋里，上车拿回保护区管理站。

回到保护站，专家们对蟒蛇仔细观察研究了一番。这是一条雌蟒，长3.65米，体围33厘米，头围21厘米，重达20公斤，年龄4岁半到5岁之间，年轻力壮。蟒蛇的肚子里空空的，说明它已经很久没吃到东西了。张教授说，蟒蛇主要是靠它们位于上嘴唇处的热感应系统来确定猎物的方位、距离的，它可以敏锐地察觉出周围环境小于1摄氏度的温度变化，准确地捕食猎物。它们会潜伏在动物经常路过的地方，几天甚至几个星期不动，等待猎物的到来，用那个热感应系统准确判断猎物的方位、距离后闪电般地出击，先用大嘴咬住动物，然后迅速用强有力的身体把猎物紧紧缠绕，直到把猎物挤压致死并慢慢吞下。蟒蛇的上下颌骨吞咽食物时可以分离，所以它可以吞食比它的头大几倍、重量相当于自己体重的动物。大田保护区的海南坡鹿、野猪、赤麂等大型动物都是蟒蛇的食物。蟒蛇在吞食了大型动物以后，会大量分泌酸性胃液，其浓度大约和浓硫酸相当，可以很快将动物连骨骼一

张立岭教授（右）观察蟒蛇口腔

起消化掉。它们可吞吃雨林中大到坡鹿、野猪，小到兔子小鸟等各种动物，处于食物链的顶端，除了人类以外没有天敌。这条巨蟒的个头确实不小，力气也很大，为了拍照，保护区的7个人一起上手，才把它从头到尾抓住，平平地托起来。如果哪只动物被它缠住，只有一命呜呼了。就算我们这么多人一起上手抓着它，它还是不停地扭动、挣扎，张教授在检查它的头部时，被它猛烈摆动的嘴里的利齿扎破了手，鲜血直流，幸亏蟒蛇是无毒的。

这么厉害生猛的蟒蛇，在这片面积一千三百多公顷的保护区里自由活动、自由繁殖、自由捕食，虽然没有对它们捕食猎物的具体统计数量，这些年来对坡鹿的繁衍生息确实构成很大的威胁。这条巨蟒既然被我们捕获了，当然不能再放回去，最后还是把它送到了文昌的蟒蛇研究所里。

张立岭教授认为，蟒蛇既是坡鹿的威胁，同时也是平衡大田保护区生态的重要一环。因为栖息在这个保护区的赤麂、野兔、野猪、

大田保护区水草丰茂又有大量的动物栖息，确实是蟒蛇生活的天堂

各种老鼠等食草动物，繁殖速度也很快，没有蟒蛇这个天敌的自然控制，必将大量繁殖并和坡鹿争夺食物源。但是因为野生蟒蛇每次产卵可达20至50枚，成活率为70－80％，而且没有天敌的制约，造成这个保护区蟒蛇数量偏大而捕食坡鹿。比如像我们这次考察中发现的这条雌性巨蟒，它可以轻松缠住并吞下一只成年坡鹿。而且蟒蛇在这里没有天敌，如果不加以人为控制，其数量将越来越多，不仅威胁坡鹿，最终将造成当地生态失去平衡。所以对蟒蛇的数量不得不进行一些人为的干涉，但现在除了发现并捕捉蟒蛇送往有关保护科研机构以外，更好的措施还有待于今后进一步研究。

单从蟒蛇自身的角度看，这个保护区面积够大，水草丰茂，食物充足，又没有天敌威胁自己，可以算是幸福的天堂了。

透顶单脉色蟌 佳西保护区

# 海南蝶影

在中国的古典文学作品中，和蝴蝶有关的故事实在是太多了。庄子梦蝶的故事，梁山伯与祝英台的故事，等等等等，有的浪漫，有的美丽，有的凄婉，不胜枚举。

现实的大自然中，蝴蝶的世界可谓是数量庞大种类繁多，作用重要，比文人墨客们描写的更为多彩多姿。蝴蝶属于昆虫中的"鳞翅目"，根据科学家们的研究，全世界的蝴蝶大概有14000余种，是地球上仅次于甲虫的第二大类昆虫。中国的蝴蝶种类约有1500多种，其中，海南、云南、台湾、四川等地，因为地理环境复杂、森林茂密、气候温暖湿润等原因，是蝴蝶生长最繁多的地方。而海南岛因为地处热带，生长着全中国最好的热带雨林，自然环境最适合蝴蝶的繁衍生息，目前已经研究确认的蝴蝶品种就有500多种，其中100余种是海南岛特有种，是中国蝴蝶品种最多的省份之一，堪称"蝴蝶王国"。而且随着科研工作者们的不断发现和研究，海南岛的蝴蝶种类还在不断增加之中。

在海南岛的热带雨林中考察旅行，要想不遇到蝴蝶都很难。海南的尖峰岭、吊罗山、霸王岭、五指山、黎母山等热带雨林地区，集中了本岛绝大多数的蝴蝶品种。在阳光明媚的时节行走在林中，翩翩飞舞的各色蝴蝶把雨林装扮得生机盎然。

素雅灰蝶、美眼蛱蝶、银线灰蝶、奥眼蝶、豹灰蝶、白带锯蛱蝶（由左至右 从上到下）

2009年9月，我跟随考察队到海南佳西自然保护区考察。这个考察队由中国、英国和香港地区的11位专家和海南各保护区的科研工作者组成，共有30人，是一个大的科考队。9月6日一早我们开始向考察营地进发。佳西保护区位于海南岛乐东和昌江两个黎族自治县交界处的猴猕岭主峰东南侧，是一处保持相当完美的热带雨林。我们的营地设在林中海拔1280米一个叫"跑靠"的地方。越野车队载着考察队的大队人马和考察用品、生活用品，尽量开到实在不能前行的山洼里停下来，大伙开始徒步登山。队员们各人背着自己的装备艰难地在山林间爬行，路途中一会下雨一会暴晒，从早上9点一直走到下午1：30，我们才到达营地。和每次较大规模的考察一样，先遣队员已经在营地搭起了一排长长的竹木架子，离地面一尺多高，顶上悬挂着大塑料布，我们每人找个位置在架子上再支起自己的帐篷。旁边的大树下也搭了个小窝棚，是我们的厨房。当天因为爬山太累了，下午就没有出外考察，闲不住的人也就在营地附近随便走走看看。在离我们搭帐篷的地方不到5米处就有一条小河，水深不到半米，宽也只有一两米不等，清澈见底，水中和岸边的灌木茂密，很多的飞虫在里边穿梭飞舞，真是太漂亮了。我快速吃完饭，拿出相机开始在河里拍摄。这个下午，我在这段不到100米长的小河里，拍到了许多美丽的昆虫，其中透顶单脉色蟌交配的照片拍摄相当完美，大的侧逆光，把两只交配的蟌的轮廓勾画的透明发光，蟌的身体经过补光以后也十分清晰，一根根细小的毛刺都清清楚楚，是我多少次拍摄各种蟌的照片中最好的一次。蟌也叫豆娘，样子很像蜻蜓，个头比蜻蜓小些、身体比蜻蜓纤细，飞行速度缓慢动作舒展，用"翩翩起舞"来形容最恰当。它们色彩各异，是热带雨林中河沟溪流附近最常见和好看的小精灵。

这次的佳西保护区考察属于品种普查，植物、动物、昆虫、鱼类等各学科的专家都有。其中香港嘉道理中国保育的罗益奎是专门研究蝴蝶和蛾类的专家，以前我就认识，他曾几次来海南考察研究蝴蝶，这次在一个多星期的考察中，我向他讨教了不少关于蝴蝶的知

蛱蝶的幼虫　佳西保护区　　迁徙时聚集在一起的啬青斑蝶　鹦哥岭保护区

识。罗益奎告诉我：蝴蝶属于"全变态"昆虫，也就是它们的一生要经历卵、幼虫、蛹和成虫四个完全不同的形态，幼虫就是我们常见的毛毛虫，成虫才是会飞的蝴蝶。我们平常只看到在花间树丛飞来飞去的蝴蝶，其实那是蝴蝶们"最后的辉煌"，最美丽的时光。正常情况下，蝴蝶成虫一般只有十来天到二十来天的生命，雄性在交配后3、5天死亡，雌性在产卵后也很快死亡了。它们一生中其余的大部分时间都是以默默无闻的卵、蛹和丑陋吓人的毛毛虫的形式生活着，毫不引人注目。在成虫这一段短暂而辉煌的生命过程中，它们要完成求偶、交配、产卵这三个最重要的生命历程，实在是短暂、快乐、充实、紧张。不过我在霸王岭和鹦哥岭的两次考察中，曾经遇到过大群迁徙途中的蝴蝶，一群一群地聚集在树枝上，数量巨大，都是斑蝶类的。专家说蝴蝶中有少量品种有迁徙越冬或繁殖的习性，这些种类的蝴蝶成虫能生存较长的时间，可达半年左右。

蝴蝶飞舞，雨林生辉。罗益奎告诉我，其实蝴蝶除了好看以外，也是热带雨林生物圈中不可缺少的重要一环。它们在取食花蜜花粉的时候传播花粉，给植物的正常开花结果创造条件，让自然界充满了生机，满足人们对生物多样性和环境多样化的需求；同时它们也是其它

罗益奎在考察中采集蝴蝶标本　佳西保护区

动物的食物，共同保持着森林生物链的完整性。一个地区蝴蝶种类和数量的多少，直接显示了当地生态环境的好坏。这让我想起了达尔文在《物种起源》中写的话，意思是在某地如果因为环境的变化，一种昆虫的数量大量减少或灭绝，一段时间以后必然有一种或数种植物随之减少或灭绝。看来自然界的和谐共生要比我们人类的研究和想象更加完美。可惜人类总认为自己是这个星球的主宰，似乎可以想干啥就干啥，其实这些愚蠢和过分的作法已经开始遭到大自然的警告和报复了。

罗益奎说，海南岛的蝴蝶有凤蝶科、粉蝶科、斑蝶科、眼蝶科、蛱蝶科、珍蝶科、喙蝶科、灰蝶科和闪蝶科等等，品种非常丰富，其中不乏珍稀名贵品种，比如金斑喙凤蝶是唯一的蝴蝶类国家一级保护物种，"金裳凤蝶"翅展超过160毫米，是中国体形最大的蝴蝶，还有中国最小的蝴蝶"福来灰蝶"，翅展只有10毫米。我在过去的采访中曾听说，有一个日本的标本采集者曾经慕名来到海南岛，偷偷在山里采集金斑喙凤蝶的标本，后来被群众举报，被直接驱逐出境了。可见海南岛的珍贵蝴蝶名气有多大。金斑喙凤蝶一般生活在海拔1000米以上的高山山地雨林中，飞行高度高、速度快，我长年累月在热带雨林中采访，也无缘得见这种珍贵的蝴蝶一面。

在佳西保护区考察期间，几乎天天都要下2－3场暴雨，时间不长但是雨量很大。这对罗益奎观察研究蝴蝶真是大大地不利。因为蝴蝶是一种非常阳光的动物，喜欢在阳光明媚的天气活动，在花丛中到处飞舞，展示它们美丽的生命。一旦下雨，蝴蝶们都躲着不出来了，可能是雨水会打湿它们身上的鳞片吧，要想找到它们藏身的地方很不容易。对此，罗益奎也无可奈何，只好用别的办法补充——到处找毛毛虫和虫卵。有一天返回营地，他拿着一片树叶过来要我给它拍照，说上边有一个卵以前没见过，很小。我拿过树叶，看不到什么卵啊，罗益奎拿放大镜出来让我看，通过放大镜我才看到在树叶的表层确实有一个白色的虫卵，但是太小了，还没有一粒芝麻大，他的相机拍不出来，叫我用微距镜头帮他拍。我带的尼康105毫米微距镜头拍摄比例大、结像清晰，很好用，也曾给过他们我用这个镜头拍摄的微距照片。我把镜头调整到最近拍摄距离，用两只闪光灯联闪照明，费了老大的劲总算拍出了几张他觉得能用的照片，放大以后甚至可以看出卵粒上的细微花纹。这段时间罗益奎早出晚归，每天要在野外考察6、7个小时，我也跟随他跑了一天，但是因为下雨的原因，发现的蝴蝶不太多，更是连金斑喙凤蝶的影子也没有见到，也没有遇到蝴蝶产卵的过程。不过他在林中找到了不少的虫卵和毛毛虫，也算是小有收获。

在雨林中考察，工作有乐趣，但是生活很艰苦。我们每天吃的东西，除了米饭就是一点腊肉、胡萝卜和洋葱，大蒜和榨菜都成了人人抢食的希罕物。这次考察快结束的时候，山下的乐东县林业局领导为了慰劳我们，派人徒步5、6个小时，给我们考察队送来一只宰杀好的小猪，大概有20余斤重，我们在开水锅中直接把猪肉煮熟，什么佐料也没有，切成2、3寸见方的大块，沾着盐巴就吃光了。天天不断的暴雨，更是把我们的营地浇得一塌糊涂，营地到处泥泞不堪，身上的衣服、帐篷里的睡袋整天湿漉漉的。夜里山上的气温只有十三四度，钻进潮湿的睡袋里十分难熬。

  2010年5月中旬我又一次到大田保护区采访时，终于发现了蝴蝶产卵和幼虫结茧的过程，对蝴蝶的生态习性有了更多的了解，也拍摄到了不少珍贵的照片。5月18日早上我5点多就起床，拿着相机到保护区的灌木丛中去游荡"狩猎"。参加所有的野外考察，我都是天不亮或天刚亮就起来到处走走，观察拍摄，因为小动物们很少有睡懒觉的习惯，早上正是观察拍摄它们的好时间。那天早上，我在满是露水的灌木草丛中随意穿行，拍摄一些遇到的有趣景物，比如小昆虫、沾满露珠的花朵等等。8点多钟的时候，我发现一只漂亮的蝴蝶总是围着一丛灌木飞舞，既不停留也不飞走，我站在旁边耐心地等待，看它到底要干什么。一直等到10点左右，这只蝴蝶开始在树叶上短暂停留和爬行，我觉得它可能是要找地方产卵了，因为蝴蝶大多喜欢在花朵上停留采食，很少在树叶上停留，更是没见过它会在树叶上到处爬。为了不惊动和影响它，我也不敢靠得太近，只在2、3米之外看着。蝴蝶停在树叶上爬来爬去，还爬到树叶的背面去转转，过了十几分钟，它躲在树叶背面不出来了。我小心翼翼地走过去一看，它果然已经开始产卵了。这只蝴蝶的体形较大，已经在树叶背面产下了几粒和芝麻一样大小的黄色蝶卵，我赶紧端起相机一次次按下快门，生怕快门的响声惊动了它。还好，不知蝶的听力是不是不好，反正它还是在继续忙着它自己的产卵工作，把屁股一次一次贴到树叶上，贴一次挤出一粒黄色的椭圆形的卵，竖着粘在树叶上。几分钟内，我拍摄到了非常好的蝴蝶产卵画面。这只蝴蝶很漂亮，身上有红色、白色、黑色和金黄色等好多种闪闪发光的鳞片，回到海口以后我查阅资料和请教专家，得知它的名字叫白带锯蛱蝶。还是在这次采访中，有一天晚上我们走在返回住处的路上，我在路边看到一片小小的树叶反卷着，好好的树

结茧的窗蛾幼虫　大田保护区

叶怎么会卷起来呢？背面一定有情况啊，我转到树叶后边一看，果然如此，一只绿色的小虫子正在使劲吐丝，想把树叶卷起来，在里边做茧。这只小虫好像是透明的一样，透过它薄如蝉翼的皮肤，可以清楚地看到它的内脏。它的头部和尾部都是黑的，身上布满了黑色的小圆点，上边还长着白毛，实在谈不上好看。它一边蠕动一边吐丝，动作笨拙迟缓，和空中飞舞的美丽蝴蝶无法联想到一起。

　　在雨林中旅行采访拍摄，经常看到的蝴蝶或是在空中飞舞，或是在花丛中采食，可是有时也会遇到有些蝴蝶聚集在溪流边潮湿的地面上爬来爬去。它们在干什么呢？我请教了研究蝴蝶的专家，专家们说，那是蝴蝶在喝水，主要目的不是补充水分，而是为了在水中摄取一些它们生长中必不可少的矿物质。原来如此。我过去一直以为蝴蝶的成虫生命期不长，采食花粉就够它们维生了，没想到它们也需要微量元素。2008年9月我到五指山保护区采访，有机会仔细观察了一次蝴蝶"喝水"的过程，十分有趣。那天天气闷热，我和护林员一起满身

绿带燕凤蝶从尾部喷出水柱　五指山保护区

大汗地返回营地时,来到一条溪流边,因为时间还早,我们在溪边卸下行装下水冲凉。一边戏水,我看到有许多蝴蝶在溪流边的湿地上趴着不动,可能是在喝水。我走出溪水想到它们身边仔细观察一下,可是还离着有两三米远,蝴蝶们就都飞了起来。根据我的经验,有时候想观察小动物小昆虫,追逐并不是最好的办法,会让它们觉得你是一种威胁,而在原地等待可能效果更好。准备好相机和微距镜头后,我来到它们刚才聚集吸水的地方趴下来不动,耐心等着。慢慢地,蝴蝶们又三五成群地回来了,在我头顶飞来飞去,有的开始停落在湿地上爬行,在感到没有什么危险以后就开始吸水了。蝴蝶没有嘴,它们采食花粉花蜜都是用一根管状的长长的喙。喙平时盘在一起看不出来,只有采食时才伸出来。它们在我面前专注地吸水,有的蝴蝶离我的镜头还不到半米远。通过微距镜头我清楚地看到,许多蝴蝶都把自己的喙伸出来在湿地上起劲地吸着,它们的喙伸开以后,与它们的身体比起来真是太长了。我发现有一些蝴蝶一边吸水一边从屁股往出滴水,其中有一只体形较大,由黑、白、浅绿三种颜色组成的凤蝶很奇特,它不停地吸水,十分专注,每隔十几秒钟,还会从屁股喷出一股细细的水柱来,很有规律。这次观察和拍摄真是让我大开眼界、大有收获。后来我把这些照片给专家看,罗益奎告诉我,这只大的凤蝶叫绿带燕凤蝶,它不断地吸水和从屁股喷水出来,是因为水中矿物质的含量很低,它只有不断地吸水、喷水,才能从大量的水中过滤出自己所需要的矿物质。原来如此,真是太神奇了。每一种小小的生物,都进化出满足自身种族生存的特殊技能。

  海南岛的蝴蝶出没于山水林木之间,被人们称为"会飞的花朵",为大量的植物传花授粉,把宝岛的四季装扮得浪漫迷人。让我们一起来保护蝴蝶,保护人类生存的环境,蝴蝶和我们的生活就都会更多彩!

# 黄猄蚁的故事

二十多年前，我曾经读过德国动物行为学家、诺贝尔奖得主卡尔·冯·费里施所著的科普著作《动物的建筑艺术》。在这本书里，他讲述了陆地和海洋中很多种动物的筑巢行为，其中就讲到了黄猄蚁（Oecophylla smaragdina）的筑巢过程，其精彩的描述、尤其是书中所配的手工绘制的插图，精美逼真，使我大开眼界，至今记忆犹新。

蚂蚁属于节肢动物，种类繁多、种群数量庞大，中国已经研究确定了品种的蚂蚁约有600以上，它们在热带雨林中是最容易遇到的一种昆虫。一般来说蚂蚁可以清除动物尸体，使土壤疏松，有利于植物的生长，有些种类的蚂蚁还可以捕食蚜虫等农业害虫。在雨林中考察采访，我也有意观察所遇到的各种蚂蚁，比如个体差异很大的全异巨首蚁，兵蚁的一只触须就比一只工蚁还长，个头比工蚁大好几倍，完全不像是一个品种的蚂蚁；还有凶猛的双刺猛蚁、细刺蚁、咖啡色吸食树汁的尼科巴弓背蚁等，黄猄蚁捕食或被捕食的过程也遇到过几次。但我一直不能忘记费里施在他的书中讲述的黄猄蚁筑巢的过程和那些精美的图画，希望有一天能让我看到。直到2010年的9月，我才有幸找到了这难得一见的场景。

那次我和鹦哥岭保护区的工作人员一同去道银村开展社区宣教工作。这个黎族小村子只有11户人家，位于南渡江支流南开河的源头地

黄猄蚁在合力围捕一只双刺猛蚁　五指山保护区

区，不通公路，我们去道银村大多是沿着河道往返。这条蜿蜒的小路一会在树林里一会在河水中迂回曲折伸展向前，平时除了道银村的村民进出卖橡胶或者购买一些油盐酱醋等生活用品，以及保护区的专家们进村工作以外，基本没有其他人走，所以自然生态保持相当完好。我进出道银村十几次，走在这条小路上每次都能遇到蛇、蜥蜴、豆娘、蝴蝶、兰花等等各种生物。

那天我们走在进村的小路上，惊喜地在一棵斜叶榕的树枝上发现了一个蚂蚁窝。蚂蚁也是全变态型的昆虫，它们一生要经过卵、幼虫、蛹，然后才能发育为成虫，蚂蚁在卵、蛹和幼虫期没有什么生活自理能力，完全由工蚁管理和喂养，工蚁们需要创造出适合的居住环境和温度湿度它们才能成活，所以绝大多数种类的蚂蚁必须筑巢为生。这个蚁巢大概有足球大小，一片片树叶被蚂蚁们巧妙地利用树枝为支架弯曲起来，一片叠压着另一片，并用一种白色的丝状物粘连在

尼科巴弓背蚁在采食树汁

一起,形成椭圆形的蚁巢。我走近细看,不禁大喜——正是黄猄蚁的蚁巢,很多长约一厘米、长着两只黑黑的大眼睛的橘红色黄猄蚁在上边爬来爬去,忙碌地筑巢,蚁穴即将完工。斜叶榕的树叶大概比香烟盒稍微窄小一点,但是对一只小小的黄猄蚁来说,就算是巨大的物体了,相当于一个人面对着一个篮球场那么大的一块木板,它们如何能弯得动这些树叶呢?我仔细观察它们的工作过程,发现黄猄蚁在弯曲树叶的时候,先是好多只蚂蚁一起排着横队,爬在树叶的边缘,然后用后腿钩着树叶,悬空探出身体用嘴去咬住另一片树叶的边缘,再一起使劲往回拉,使两片树叶慢慢合拢到一起。有时候两片树叶间的距离太大,超过了一只蚂蚁的身体长度,它们还会一只咬住另一只的腰部,形成一个"蚂蚁链",把距离太远的两片树叶拉近合拢。小小的黄猄蚁,它们的"建筑技巧"真是太叫人惊奇了。那天我一直在这个"蚁巢工地"旁观察了四五个小时,还看到黄猄蚁捕猎、把猎物拖回巢穴以及把巢穴中的垃圾搬运出来扔掉等各种过程,用我的105毫米微距镜头认真仔细地拍摄,画面漂亮,和费里施所著《动物的建筑艺

建在斜叶榕树枝上的黄猄蚁蚁穴

黄猄蚁组成"蚁链"拉树叶

全异巨首蚁的不同个体

术》中关于黄猄蚁筑巢的手绘插图几乎一模一样。如果不是在蚁穴旁边进行了长时间的观察，他们绘不出那样逼真细腻的图画。同样在这本书中，费里施介绍，一位叫亨利·吉尔特的瑞士蚂蚁专家为了研究蚂蚁的寿命，把一只黑蚁的蚁后放在人造蚁穴中饲养、观察了29年，直到它自然死亡，令我佩服专家们严谨、细致和持之以恒的科学精神。

观察拍摄黄猄蚁筑巢的同时，我在蚁穴的附近发现一种橘红色的蜘蛛，它有八条腿、一对巨大的门齿，还有一对位于前腿和门齿之间有关节的多毛"触手"，其颜色、大小、模样都和黄猄蚁十分相似，这个蜘蛛并不结网捕食，而是在离黄猄蚁蚁穴大概三四米远的地方，沿着树枝、草叶爬来爬去，或者用蛛丝把自己从这里飘荡到那里，寻找并捕食落单的黄猄蚁。它每次捕食都是先用牙齿咬住黄猄蚁最后一对后腿的关节处，因为那一对后腿很长，黄猄蚁无法回头反击，然后才慢慢杀死猎物。此前我在五指山保护区考察时也曾拍摄到一次这种

黄猄蚁把猎物运回蚁穴

蜘蛛捕食黄猄蚁的画面,可见,它们可能是专门捕食黄猄蚁的蜘蛛。专家告诉我,这种蜘蛛叫蚁蟹蛛(Amyciaea Lineatipes)。

  在这次观察黄猄蚁筑巢的过程中,我看到那些筑巢用的树叶被一种白色的细丝粘连在一起,有的地方树叶间缝隙过大,就用这种丝编织成绸子一样光滑的丝网来粘结,从我拍摄的图片上也看得很清楚,大小缝隙都堵得严严实实。蚂蚁是不会吐丝的,它们怎么粘结树叶呢?按照费里施在书中所讲,黄猄蚁是把它们的幼虫用嘴叼着,运送到两片树叶需要粘结的地方,然后用力挤压幼虫使它们吐丝来粘结树叶,幼虫就类似一个织布的"梭子"一样的作用,用完后再把幼虫送回蚁穴中。但是很遗憾,这次观察我没能看到黄猄蚁粘结树叶的情景——天已经快黑了,我们没有带野外宿营的帐篷睡袋等用品,只能往村里走。

  蚂蚁筑巢、蜘蛛结网、纺织鸟编织鸟巢等等,都是组织严密、实

蚁蟹蛛（左侧）捕食黄猄蚁

蚁蟹蛛（左侧）捕食黄猄蚁

施合理或者说很"科学"的行为，但也只是以它们的遗传特质一代代地相传，用不着"教育和学习"，这是大自然的神奇造化之功。人类也许很难理解，或不愿承认，生物界许多"能工巧匠"在追求生存的过程中所发挥的"奇思妙想"和取得的"效费比"，要远远高于人类的水平。比如一只小小的跳蚤可以轻松地跳到自己身高几十倍、上百倍的高度，而人类最优秀的跳高选手至今也没有一个能跳过高于自己身高一倍的高度；再比如猎豹冲刺追击猎物的时速可达每秒二十七八米，而人类中跑得最快者如"闪电"博尔特对此也是望尘莫及……大自然的神奇造化并非唯独钟情于人类，我们应该对神奇造化所造就的大自然常怀敬畏之心。

其实那次观察，我当时很想用刀割开黄猄蚁的巢穴，看看里边是什么样子的，我估计不会是一个空空的树叶球体，里边还应该有不同的功能区域的分隔才对，但最终没忍心下手，让它们继续平静地忙碌和生活吧。

黄猄蚁，真是一种了不起的蚂蚁。

# 潮起潮落红树林

2000年，在海南岛6月的热带骄阳下，我又一次来到海南东寨港国家级红树林自然保护区。傍晚的夕阳下，海水已经退潮了，大片的滩涂和婀娜多姿的红树林露出了水面。琼山县（现在是海口市琼山区）演丰镇门桥村65岁的渔民韦何成老人又提着鱼篓走进了东寨港保护区岸边的红树林丛中，去检查他前一天下的渔网，看看能有多少鱼货。我脱掉鞋，也随他走进滩涂中。软软的淤泥一直淹没到我的膝盖处，我们深一脚浅一脚地走着。昨天，老人一共在红树林中放置了40张网。这种网是管状的，长约6米，直径40到50厘米，里边放着诱饵，口小肚子大，鱼、虾、螃蟹要是钻进去吃里边的诱饵，就无法脱身了。

辛苦地在海边滩涂的红树丛中忙碌了2个小时，韦何成只有5只螃蟹和一些小虾米的收获，大多数网都是空的。老人无奈地对我笑笑，说，现在就是这样了，不比从前了。

韦何成个头不高，皮肤黝黑，穿着一身黑衣服，裤脚卷得高高的，显得精干利索。他一辈子生活在海边，和红树林有深厚的感情。对小时候的事情他记得清清楚楚。他说，大约在他10多岁的时候，红树林里的螃蟹多得不得了，经常都爬到了树上，人走进去就无法下脚，会被螃蟹夹住。那时候，我们的网捉到琵琶虾和小鱼小虾就扔回到海里了，只要大螃蟹和基围虾。你要是到我们家做客，我一边请你

何丰成在红树林中捕获的螃蟹

喝茶，一边就到树林里去捉几只螃蟹来请你吃了。现在红树林里的东西是越来越少了。

红树林是一种独特的海上森林系统。

1990年5月21日，我第一次到红树林保护区采访。当时骑着单位新买的本田－125CC摩托车，用了3、4个小时的时间来到文昌县的清澜港红树林保护区。那年代汽车很少，就是摩托车也不多，我们单位购买的这种进口本田摩托车动力强劲、外观靓丽，骑行在路上也是满风光的事情，我喜欢骑着它到处去采访、拍摄，和现在开着高大越野车的感觉差不多。清澜港保护区坐落在离海边不远的一排小平房里，树林环绕，环境优雅。保护区管理站的站长许达桂50岁左右，1961年毕业于海南林业学校，是一位林业工程师，为人开朗热情。因为是第一次到红树林采访，我请他详细给我介绍介绍红树林的基本知识，也算是上一堂红树林知识的普及课。老许向我细细道来。他说：这个保护区是1980年就建立的，保护站所在地头苑村。当时保护区不含水面

清澜港红树林

红海榄的胎生苗

面积，有红树林3.2万亩，后扩大到4.1万亩。红树林是一种生长在热带、亚热带地区沿海海湾、河口的常绿木本植物群落，是一种奇特的海水中的森林系统。它们以灌木和小乔木为主，一般2到3米高，10余米高的大树在红树林里已经是少见的"高个子"了。保护区里共有红树林树种16科28种，包括红树、海莲、角果木、海桑、木榄、海漆、桐花树、榄李、老鼠勒等等，林中结构复杂，灌木乔木和藤本植物都有，其中珍贵的树种如海南海桑，全球也只有这里有少量生长。

许站长话匣子打开，又乘兴给我介绍了一下红树林在全国和世界范围内的分布状况：红树林的分布以赤道为中心，可延展到南、北回归线之间的广泛地区。它们最奇特之处是可以在海水中生长而不被淹死，它们是地球上唯一的海洋森林，是世界湿地重要的组成部分。

其分布主要是在亚洲南部、南太平洋诸岛、非洲和美洲的海岸。在中国，红树林分布在海南、广东、福建、台湾、广西、香港澳门及浙江沿海。红树林在维护和改善海湾河口地区的生态环境、抵御台风海潮等自然灾害、预防近海海水污染和保持沿海湿地生物多样性等方面具有重要作用。全世界的红树林植物共有24科85种，而海南岛就有16科35种，在国内是品种最多的地区。

红树林在生态环境中的重要性是勿庸置疑的。因为植被茂密，其凋谢物每公顷达10吨以上，是鱼虾蟹贝的丰盛食物，栖息在红树林中的鸟类又以这些海洋生物为食，鸟粪、动物遗骸和树林凋谢物等经微生物的分解还原于滩涂，形成了海岸红树林区生态的动态平衡，成为各种野生动物最好的栖息地；红树林每亩林地每年大约可出产海产品50余公斤，是地球上生产力最高的生态系统之一，所以对它的重要性古人已有认识。第二天，许站长就带我去看头苑下村保存的一块保护红树林的石碑。石碑立于清光绪十四年（1888），碑文说，红树林中的树木，不论大小生死枯荣，犯者罚钱三千文，举报或捉拿者奖钱九百文；如盗大木则罚钱十千文，捉拿或举报者奖三千文；外人（指本村以外来的人）赏罚加倍。落款是"众立"，也就是说这个碑是当时的村民们自发刻立的，属于民间行为。（后来在东寨港保护区我还看到了清代"官立"保护红树林的石碑，后边再讲）我问许站长现在保护区对破坏红树林树木的处罚措施怎么样？他说，现在是盗伐一公斤罚款10元。我笑说，还没有清朝人罚的重啊。

红树林植物生长形态各异、千姿百态，成为海岸带的一道美丽风景线，具有很高的观赏和研究价值，是宝贵的旅游资源和研究植物生态群落的理想场所。同时由于它们发达的根系和茂密的枝叶形成海岸线的天然屏障，还是抵御风浪侵袭、保护海岸带的绿色海上长城；它们发达的根系和茂密的枝叶经年累月地浸泡在海水中，具有吸附污染物的功能，因此可以起到净化海水、预防近海赤潮的作用，有很高的生态效益。此外，红树林本身也有较高的经济价值，其木材经久耐

栖息在红树林湿地的各种鸟类

腐，是造船的上等原料；大部分红树林植物的树皮可提炼单宁用于制革和染料；有些树种在皮和树干中还含有治疗癌症、疟疾、皮肤病和创伤的药用成分。许站长还告诉我，海南的驻军187医院用红树林植物为原料研制的"红树烧伤液"，对烧伤、外科创伤有很好的收敛、抑制细菌繁殖的作用，治疗效果很好。没想到的是下半年我有一次骑摩托车出了事故，左侧手臂和左腿大面积受伤，掉了巴掌大的几块皮。当时很快就要去北京参加亚运会的报道工作，我心里很着急，想起了许站长的介绍，就专门跑到187医院，指名要医生用"红树烧伤液"给我治疗，效果确实很好，那里的医生和护士小姐还奇怪地问我，怎么知道他们有这个特效药的。

后来，我又多次到清澜港、东寨港、临高新盈湾、东方县四更等红树林保护区考察采访，还到广西合浦县的山口国家级红树林保护区、北伦河口红树林保护区等地对红树林进行过考察，并专门到北海走访了我国红树林研究的权威专家范航清博士，对这个海上森林系统有了较全面的认识。

红树林可以适应含盐量很高的海水环境，形成了独特的生物学特性。长期处于海水浸泡之中，红树林植物和它们生长的土地都缺乏氧气。为了弥补这一不足，红树林植物大都生有发达的气根，每当海水退潮便可看到红树林滩涂上露出很多板状的、针状的树根，上边生有明显的皮孔以便于通气，增强植物的供氧量。为了减轻含盐海水的渗透作用，保持体内珍贵的水分，红树林植物大都生长着小、厚、光亮并有蜡质保护膜的叶片，和其他森林中植物的叶片完全不同，以利于反射阳光减少水分蒸发。同时，它们的树叶还有专门的排泄孔，可以排出多余的盐分保证正常的生长。红树林的繁殖方法更是独具一格。我们知道，一般的植物都是把种子落入土壤中发芽成长，红树林的大多数植物却不是这样，比如红树、木榄、角果木等等，它们的果实在还没有离开母树的时候，就开始发芽，嫩牙发育到一定程度种子才随风浪的摇动脱离母树，掉落到海滩淤泥中开始生根，形成了植物中罕

红树林的花蕾

我的好友黄仲琪生前在拍摄红树林资料
摄于2003年5月17日

见的"胎生"繁殖现象。这些种子的形状多呈纺锤状，下端粗重而上边轻细，以利于下落时利用重力作用插入滩涂淤泥中成长。如果种子不能及时落到淤泥中，还可以在海面上随波逐流地飘荡到很远的地方继续繁殖。由此可见红树林对所生存的环境有多么惊人的适应性，又是多么巧妙。

然而这些重要的海岸卫士和湿地资源，在短短几十年的时间里却遭到严重的人为破坏，面积大幅减少。在上世纪五十年代，中国南方沿海各省区红树林分布面积还比较大，约有4万8千至5万公顷，到上世纪九十年代中期，仅存面积约1万5千公顷。

2003年5月初，我到东寨港国家级红树林自然保护区采访，保护区管理局副局长、红树林专家黄仲琪向我讲述了这一带的红树林遭到的最大一次人为的灾难。那是在1975年，在当时"以粮为纲"精神的指导下，当地政府和群众对现在属于保护区范围的三江湾沿海红树林进行了一次"大进军"，在沿海的滩涂上围了一道大堤，砍伐堤内的红树林面积达8000多亩，用于种植水稻。可是不久人们就发现，砍伐红树林开垦出来的土地因为含盐碱太高，并不能很好地生长水稻，产量太低了。没办法，几年后只好在这里种椰子树，现在这里有成片的椰林。再到上世纪90年代，一些人又砍了椰子树，修建虾池养虾。几经折腾以后，这里已经面目全非，有虾池、有椰林，还有很多的荒草

塔市镇福首村陈伟幸在红树林中张网捕捞

地,只有人工修建的那道高高的拦海大堤依然耸立在滩涂中间,堤坝外边还生长着密密麻麻的红树林。

  海南岛的红树林遭遇是如此,全国的红树林情况也基本相同:二十世纪五十年代末大炼钢铁的时候横遭一次劫难,七十年代以粮为纲围海造田横遭一次劫难,九十年代沿海居民为了尽快致富,大肆开垦红树林区域建池养虾又横遭一次劫难,如此下来红树林还能剩下多少呢?据海南省林业局统计,二十世纪五十年代初海南岛有红树林共9900多公顷,到九十年代中期只剩下4700多公顷,减少50%以上。尤其是最后一次的大劫难,广大沿海群众在快速致富心理的支配下,自发性地围垦红树林发展养虾业,对红树林的破坏程度和规模都很大,即使像东寨港这样的国家级自然保护区内的红树林亦不能幸免。

  在演海镇东山村的海边红树林滩涂,我们遇到了驾小渔船打鱼返回的老渔民周成召。他的渔船和前前后后陆续回港的渔船差不多,只有可怜的不到10斤小鱼小虾。周老汉说,他在这里打鱼已经有30

潮起潮落红树林 | 135

年了，不出远海，只在附近的海湾河汊红树林里捕鱼，可是现在的收获，那和以前真是不能比啊，以前一天收获上百斤甚至几百斤鱼虾是平常的事。"可是没办法啊，我们除了在这里下网捕鱼捞虾捉螃蟹，也不会干别的营生，只好还是每天去碰运气了。"来到塔市镇的福首村，正赶上海水落潮，红树林露出了密密的树根。一位壮年的渔民身背竹子编的鱼篓在齐腰深的水中收网、下网，不停地忙碌着，我一边拍照片一边和他聊天。这个小村子就在东寨港保护区的边上，密密的红树林一直长到村民们的房子边。渔民名叫陈伟幸，51岁。他说，我们村有16户人家，除了不多的外出打工的年轻人，大家都是靠海吃海的。可是现在海里的东西越来越少啊，所以我们也要挖池子养虾。和我一同来此访问的保护区工作人员指着不远处一片挖过不久的土地告诉我，大约半年前，这个村的人在那里修筑了一道拦水坝、开挖了虾池，我们做工作阻止也没用，只好依法用推土机来强行铲除。这下不得了啊，全村的人都出来了，不让我们铲，有个83岁的老太太就躺在地上阻挡着推土机的路硬是不让我们铲，费了好大的劲啊。说话、拍摄间过了一个多小时，我看着陈伟幸在红树林间那片约有一亩多大的水面里不停地来回下网起网，可是忙了半天他只捉到一只虾。这虾的个头倒是不小，有近半尺长。陈伟幸显得很高兴，向我展示他的大虾让我拍照，说他准备把这只虾养起来，留到挖好虾塘以后做种虾用。天渐渐黑了，有几位村里的妇女背着鱼篓从远处的滩涂回来，我过去看看，她们的鱼篓里也只有些海螺和小牡蛎，收获不大。

我查阅的相关资料显示，世界范围内的红树林也和我国一样在上个世纪后半期呈大量减少的态势。在东南亚地区，印度尼西亚、马来西亚、菲律宾等国的红树林都大量减少，有的国家减少达几十万公顷；在南美洲，波多黎各的红树林减少了四分之三，加勒比海地区沿海的红树林覆盖率也从50%减少到了现在的15%。

红树林，是重要的生态资源，但同时也是周边人们赖以生存的衣食之源。在人的需求和生态的保护之间，哪里是一个平衡点呢？我一

东寨港红树林晚霞中的渔舟

时也迷茫起来。红树林这一独特的生态系统，在我国数量并不多，其总面积还不到世界红树林总面积的1%，如果不加强保护，它们将很快面临灭绝的危险。所幸的是环保部门和有识之士已经认识到红树林的重要性和珍稀性，对它们的保护正在逐步加强。

采访中，黄仲琪带我来到三江镇的上山村，村民们引我们走进树林中，搬出一块一米多高的石碑。他们自豪地说，这是我们村保护红树林的古碑。我细看石碑，碑头上是四个大字：奉官立禁。内容详细注明了需要保护的范围，保护红树林的责任人，以及保护的具体措施，比如"枯木不得乱取如私折者罚钱一千文，放牛乱踏败坏者罚钱五百文，不得刀斧损伤、如损伤者罚钱二千文"等等，立碑时间是清道光二十五年，也就是1845年。这样的石碑在当地附近的龙帘村、岐山村、长宁村等五个村庄都有，可见当时的官府对保护自然环境也是十分重视的。直到现在，这里的村民们对红树林也是爱护有加，认真保护。其实在中国的传统文化中，无论是儒家、佛家还是道家，历来都强调人与自然的和谐相处，才有"天人合一"这一说。只是后来不断地"与人斗"还不过瘾，又要"与天斗、与地斗"而且其乐无穷，斗得大自然糟了殃。

海南东寨港保护区，作为中国第一个国家级的红树林保护区，科研、保护和人工扩展红树林的工作更是一刻也没有停止。黄仲琪介绍说，这个保护区面积达3337公顷，保护区周围有村庄120多个、居民2万余人，如果仅靠保护区的工作人员天天去巡逻守护，那就算是大家都不睡觉也守不过来，所以宣传教育群众是最重要的工作。他们和当地政府一起建立"联护委员会"，经常走村串户地深入到基层宣传保护红树林的重要意义，发动群众自觉爱护身边的红树林，这件看似简单平凡的工作，却是保护红树林最重要的措施。对那些只顾眼前利益破坏红树林的行为，他们坚决依法惩处，几年来他们强制填平虾塘100多口，共700多亩，全部复种了红树林。

关于红树林的科研，也一直是这里工作的重要一环。他们展开了

三江镇上山村立于清道光二十五的保护红树林石碑　　　　　　东寨港红树林保护区工作人员培育红树林苗木进行人工种植

海南岛红树林资源调查，分类研究红树林生态及生物多样性等课题，以及以红树林为栖息地的鸟类和海洋生物的观察统计研究等等。这个保护区和中国林科院热带林业研究所联合进行的《红树林主要树种造林和经营技术研究》，2000年获得国家科技进步二等奖，为人工繁育红树林总结了很好的经验。

从1990年开始，东寨港保护区开始大规模育苗人工种植红树林。多年来他们已经种植木榄、海莲、海桑、银叶等红树林植物280多公顷，取得巨大成效，有些大树已经长得有7、8米高了。同时，保护区现在每年还人工培育10余种红树林苗木30万株以上，除了在本保护区种植，还运销到广东、广西、深圳等地供当地人工种植。黄仲琪是一位精通业务、热爱自然保护事业的好干部，和我也有着深厚的友情。我每次到东寨港采访，他都开车、驾船带我实地考察，介绍情况，晚上则喝酒聊天。有时他来海口也找我小聚。我从他身上学到了许多红树林和生态保护的知识。不幸的是他在一次外出巡查时不幸出车祸去世，当时还不到40岁，英年早逝，让熟悉他的朋友们感到深深地遗憾和悲伤。愿他在天堂生活快乐！

来到海南省三亚市，我被这里的市区红树林所感动。流经三亚市区的三亚河长达13公里，是一条直通大海的美丽河流。每天的潮起潮落海水倒灌，使这条河的两岸长满了茂密的红树林，林中水鸟云集。三亚市政府多次以政府文件的形式规定所有市民要爱护红树林，不得在红树林中打鸟，所有施工单位不得毁坏红树林，所有建筑不得侵占红树林区域。现在，这里的红树林日益茂盛，林中白鹭、苍鹭等各种水鸟成群，形成了河在城中、城在林中的优美生态环境，为世界各大中城市所少见。

在海南文昌市会文镇冠南村的海岸边，也就是清澜港红树林保护区的边上，2003年初"冒"出来2000多亩新生的红树林。这不是老天的恩赐，而是村民们自发种植的。冠南村海边原本也有茂密的红树林生长，面积达2万多亩。经过"大炼钢铁"、"以粮为纲"和修池养虾等几次大破坏，面积已经缩小到3、4千亩。因为砍伐红树林破坏了当地的生态系统，过去鱼虾满海湾、螃蟹满地爬的情景成了老人们美好的记忆，海湾变成了贫瘠的海湾。村民们渐渐认识到，只图一时的眼前利益而破坏了生态环境，就等于是砸了自己的饭碗，定会受到大自然的惩罚。他们自发地组织起来，成立了有100多名会员的民间海洋资源保护协会，配合海洋管理部门保护当地的红树林资源，坚持在海湾里驾小艇巡逻，阻止破坏红树林和毒鱼、电鱼、炸鱼行为，同时人工种植红树林。协会还投资买来10多万尾鱼苗和几百万尾虾苗投放进红树林海域，以图用人工的方法恢复自然生态。他们还计划建红树林苗圃，每年坚持人工种植红树林。这个协会的会长林来乐自信地告诉我：再过十年八年，当万亩人工红树林长成的时候，我们这里又将是鱼虾满海的富裕之乡了。

现在海南岛从北部的海口到南边的三亚，东端的文昌到西边的东方，都有海岸红树林的分布。在海南东寨港国家级红树林保护区3337公顷的范围内，经调查有鱼虾蟹贝等152种，各种鸟类159种，其中包括黑脸琵鹭、扁嘴海雀、黑嘴鸥等多种珍稀品种；位于广西合浦县的山口国家级红树林保护区，海岸线长50公里，有林面积800公顷，栖息着鱼虾贝蟹230多种、鸟类106种。其实所有的红树林地带生物多样性

三亚市区三亚河两岸的红树林

三亚河红树林中的黑翅长脚鹬

文昌市沿海河海交汇处的红树林

在红树林中拣海螺的孩子

都非常丰富,是名副其实的物种天堂。近十几年来,每年2、3月份候鸟南迁的时候我都要到海口的东寨港、东方县的四更、临高县的新盈湾等几个红树林保护区拍摄在这里越冬的各种候鸟,各种水禽候鸟拍了不少,唯独黑脸琵鹭神秘莫测难得一见,最好的一次机会是在2003年2月26日。

那天一早,我和海南省野生动植物保护管理局的苏文拔、李之龙、李士宁,还有《海口晚报》的记者梅志强一起,开车来到临高县新盈湾的海边红树林地带。他们每年都要统计来海南越冬的黑脸琵鹭数量,所以我每次都是和他们同行。以往寻找黑脸琵鹭,要沿着海边,或在红树林里偷偷摸摸地艰难跋涉,因为黑脸琵鹭数量极少,全球大约只有1200只左右,属于国际濒危物种,每年到海南岛越冬的只有100只左右,本身就很难找到,再加上它们警惕性极高,往往是我们离着还有几百米,黑脸琵鹭们就起飞离开了,就算带着400毫米、600毫米的长镜头也没有什么用。但这天的运气确实很好,我们刚到长着红树林的海边还没有半小时,刚刚整理好摄影设备,就看到远处天边飞来一群白色的大鸟。因为离得远我们谁也没在意,以为是一群白鹭,因为没想到会有黑脸琵鹭这样对着我们飞来。苏文拔拿出望远镜四处观察找黑脸琵鹭,他偶然对着飞来的鸟群看了一下,激动地大喊

临高县新盈湾滩涂的黑脸琵鹭

红树林中的河流

"好像是黑脸琵鹭"，我们一听，赶紧都蹲在了地上，以减小目标，这时候鸟群由远到近并下降高度，我从相机的400毫米长镜头中已清楚地看出就是一群黑脸琵鹭，它们一个个都长着又长又扁的黑嘴巴，很容易辨认。这群黑脸琵鹭转眼间已经飞到面前，在离我们还不到100米的地方下降到海面盘旋了一圈，就降落在红树林之外的一片滩涂上开始觅食了。真是天助我也，我按着相机的快门连续拍摄它们在海面上低空盘旋的镜头，十分清晰，结像也大。然后我和梅志强借着红树林的遮挡慢慢接近觅食的鸟群，也不管滩涂的烂泥已经淹没到脚面，找好了隐藏的地方，双膝跪在泥中，用独角架稳定好装着长镜头的相机稳稳当当地拍摄。保护局的朋友们则留在原地用高倍望远镜观察并记录它们的生态行为。黑脸琵鹭觅食、打闹嬉戏、梳理羽毛、独腿站立休息等等都被我一一收入画面，真是太过瘾了。我们一直藏在这里拍摄了近2个小时，黑脸琵鹭还是重复着这些动作，梅志强因为刚才没有拍好鸟群在海面低空飞翔的镜头，忍耐不住了，对着鸟群大声呼叫，把鸟群惊飞起来。但是鸟群飞走时都是屁股对着它们认为危险的方向，所以这时拍摄的飞翔画面并不好看。这一群黑脸琵鹭总共13只，是我们多年来最近距离观察和拍摄到的一群黑脸琵鹭了。之前和后来我也曾多次在几个不同的红树林保护区观察到黑脸琵鹭，但拍摄不太成功，它们总是在几百米之外就发现了人影，早早就飞走了。

  美丽的红树林沿海而生，为海岸线和岛屿抵御风浪，为鱼虾、螃蟹、水鸟等众多生物提供了食物源和栖息地，是值得我们永远珍惜的重要湿地资源。

# 海岸青皮林

沿海南岛东线高速公路往返海口和三亚之间，沿路都是美丽的海滩。行车到万宁市石梅湾一带，却可以看到一片茂密的树林生长在海岸边洁白的沙滩上。它们不同于一般海岸人工种植的木麻黄防护林，树木虽然不高但郁郁葱葱生长茂盛，延绵十几公里，是海南岛东海岸一道独特的景观。这就是海南省级青皮林自然保护区。

经常走访热带雨林，我知道青皮是属于龙脑香科的一种常绿乔木，又名青梅，因为树皮多为青灰色，因名为青皮林，在霸王岭、尖峰岭等保护区的热带雨林中多有生长，但没有这样集中连片、而且是生长在海岸线上的。2002年1月，我到万宁市采访，和市委宣传部的周国光说起了此事，他很乐意带我去那里看看。

青皮林保护区管理站是一栋普通的三层小楼，坐落在青皮林树丛之中。管理站的李站长介绍说，在石梅湾一带的沿海沙滩上，青皮林沿海边呈带状分布，长约16公里，宽度三四百米不等，总面积约920多公顷。这个保护区1980年由广东省人民政府批准设立，1988年海南建省后，8月份批准其成为海南省第一批省级重点风景名胜区和自然保护区。青皮木质坚硬耐腐蚀，是建造桥梁和船舶的优良用材。我们走进树林里，我看到这里的大树并不多，但林子很茂密，里边其他种类的植物不太多，是很典型的单一优势林。青皮林群落内，青皮的相对密

万宁市石梅湾的海岸青皮林

林中的植物生长景象

保护区工作人员在青皮林中巡查

度、相对优势度大大高于其他物种。我问李站长，其他保护区热带雨林中的青皮都是和别的树木混杂在一起生长的，并不突出，为何在这里它们长成了明显的优势种，长成这么一大片呢？他一时也回答不清这个问题。不过他如数家珍地告诉我，在这个保护区，青皮是优势树种，但也并没有完全地排斥别的物种，还是有大量其他的植物共生，比如水椰子、海南苏铁、榕树、红树林的树种海芒果、白骨木等各种植物共有172种；林中栖息着几十种鸟类和龟、蛇、蛙类，甚至还有野猪、刺猬、穿山甲、鹿科动物存在，生物多样性还是比较丰富的啊。不过经过在这里两三天的采访和实地观察，我对这里能够生存野猪、鹿科动物等大型哺乳动物表示怀疑。

科学工作者根据青皮林所在地的土壤分析结果得出结论，这片森林生成于4000至16000年前，历史够长的，它们能够在这个人烟稠密的地方保存到现在实在是幸运。尤其是青皮树种的木材材质坚硬、

官碑录文

纹理至密而美观，耐水浸、耐腐蚀，是很好的用材林，能延续至今，真是令人惊奇，这和村民历代传承的鼎力保护分不开。我了解到这里也有一块"奉官立禁"的保护青皮林石碑，刻立于清光绪二十七年（1901），在青皮林自然保护区看到石碑上刻的碑文有："……凡在海滨者亦无准乱伐树木，倘有恃强砍伐……立即拿案究惩。"可惜原石碑不在保护区，我们到存放石碑的市林业局去寻找，因为管仓库的人不在最终也没能看到这块石碑，只是看到了石碑的照片。

近些年来，由于石梅湾有美丽的海岸沙滩和世界上罕见的滨海青皮林，作为海南岛一个重点旅游开发区，这里开始修路、建宾馆和酒店等等，这些活动都会影响到青皮林，使其生境和景观发生变化。如何协调保护青皮林与旅游开发之间的关系，成了保护青皮林自然生境的一道难题。

但愿在旅游开发的热潮中，这些美丽的滨海森林能够长留人间。

俄贤岭石灰岩地区的热带雨林,这样的山很难攀登

# 石灰岩上的雨林

在海南省昌江县境内,有一片面积约5平方公里的石灰岩山脉,叫俄贤岭。这里的山脉山峰峻峭,最高海拔约1200米,许多山峰的岩石像刀片一样锋利,山下还有不少岩洞和暗河,是典型的喀斯特地貌。奇特的是,在这片十分干旱和缺少泥土的石灰岩山脉中,却发育着茂盛的热带雨林,和其他地方的热带雨林一样发育着巨大的板根、众多的绞杀植物和空中花园等,有很多直径一米多的大树就直接生长在坚硬的岩石上,令人不可思议。俄贤岭在海南岛是一片独特的热带雨林,与其他热带雨林地区完全不同。

然而,我第一次去俄贤岭却并不是去欣赏它的美丽,而是调查那里的盗伐林木事件。

2005年1月下旬我得到消息,有人在俄贤岭非法盗伐树木。我立即和海南省野生动植物保护管理局的王春东局长、苏文拔工程师、李之龙工程师、正在海南进行野外考察的香港嘉道理中国保育的刘慧宁博士、陈辈乐博士、吴世捷博士等专家以及《海南日报》记者范南虹、苏晓杰等人一同前往俄贤岭。1月23日进山,我们从海拔550多米的地方开始,下车沿着一条山沟在密林中向上爬行。走了还不到几百米,就开始看到被砍伐的树木,有一棵直径半米多的青皮树被砍伐后还没有来得及运走。青皮是一种珍贵的树种,已经非常稀少,远在清朝末

王春东局长在检查盗木者的营地（1）
陈辈乐（左）、刘慧宁（中）和苏文拔在检查盗木者遗留的鸟毛（2）
李之龙在拍摄被盗伐的树木（3）

年，海南当地政府就在万宁县立碑进行保护。再往上爬，我们在这条山沟里共发现10余处盗伐现场，被盗伐还没来得及运走的树木有直径一米多的国家一级保护物种海南粗榧以及母生等多种珍贵大树。砍伐现场成片的树木被压倒或砍掉，被肢解的大树和砍下的树枝满地都是。在一处隐蔽的山岩下，我们发现了一个盗伐者的营地，吃饭的碗筷、换洗的衣服和盐等生活用品都没有来得及带走，估计他们刚刚逃走。我们点火烧掉了他们遗留的东西后继续前行。

由于在这个石灰岩地貌的山沟中特别难走，这天我们从上午8点多一直走到下午4点多，只查看了这一条山沟，还发现了盗伐者偷猎后吃剩下的鸟类羽毛、偷采后剩下的野生兰花等物。苏文拔说：这些盗伐者在山里除了砍伐珍贵树木，还会打猎物吃、采集各种灵芝、兰花去卖，对当地资源破坏很大。吴博士说，中国热带雨林本来就很少，生长在这种喀斯特地貌上的热带雨林就更罕见，遭到这样的破坏实在令

我和刘慧宁博士（右）在俄贤岭考察途中

人痛心。根据此次实地调查和专家们的意见，我专门写了一篇内部参考材料报送相关领导机关，呼吁尽快在这里建立自然保护区。

为了查清俄贤岭山脉一带的自然资源"家底"，为建立自然保护区做准备，2007年3月，由海南省野生动植物保护管理局和香港嘉道理中国保育共同组织的俄贤岭资源考察队进驻林区，进行为期一周的野外考察，我跟随采访。3月19日我们进入森林。由于这一带都是喀斯特地貌，地表水稀少，先遣队员费了很大的周折才寻找到一个有水源的营地，我们背着沉重的考察和生活用品，从进山的路口走到营地就用了近一天的时间。以后几天的考察我们就以这个营地为中心向四面展开。

虽然我此前经常在海南岛的热带雨林中跟随科考队野外考察，翻山越岭爬了很多山，自认为爬山不算什么难事，但这次还是遇到了很大的挑战。

俄贤岭的山，不仅坡度陡峻，而且满山坡的石灰岩被雨水侵蚀

石灰岩上的雨林

的十分尖锐锋利，攀爬难度大。等爬到了山顶，想找一块平整的地方坐下休息都没有，到处都是尖尖的石片。然而就是在这样的石头山上，各种珍稀植物却生长茂密，令考察的专家们兴奋不已。参加考察的香港嘉道理植物专家吴世捷博士告诉我，俄贤岭地区有非常特殊的热带石灰岩生态环境。这里很少有地表水，石头坚硬却是易溶于水的石灰岩，雨水把岩石侵蚀成现在的尖锐形状，山上很干旱，地下却有溶洞和暗河。植物在这种地方生长很不容易，但这里却发育出了这么茂密的热带雨林，真是非常难得。这里生长着包括国家一级保护物种海南粗榧、坡垒、苏铁等植物，还有成片的二级保护物种青皮、囊瓣木等，以及在海南首次发现的鸡仔木、滇刺榄等珍贵植物，还有大量的蕨类植物和成片的桫椤、各种热带兰花等等，初步考察就发现共有1800多种植物。

我们的营地就建在雨林的中心地带，四面都是树，每天晚上听着各种虫鸣蛙叫声入睡，每天早上听着鸟儿的清脆鸣叫声起床，就是半夜也会有一些不知名的鸟鸣声传入帐篷。在我们营地边的小溪流里，每天夜里都会有几只红色的山螃蟹爬进我们的水桶里，早晨还在里边挣扎，都被我们放回了溪流中。这里众多的动物种类也让考察的专家们感到意外。专家在5天的考察中发现了猕猴、豪猪、野猪、灵猫、水鹿、原鸡、海南孔雀雉、白鹇、海南山鹧鸪等等，其中昆虫中的一种蝶角蛉是我第一次看到，它的样子和蜻蜓一样，却长着两只长长的触须，很奇特。我们还在这片雨林中新发现了两群金丝燕。金丝燕因为燕窝珍贵，采摘燕窝严重威胁到金丝燕的生存，在海南岛已经很难见其踪影。

在几天的考察中，我们还在山中发现一些贝类，样子呈纺锤状，数量也不少。

溶洞是喀斯特地貌的一个显著特征，俄贤岭山脉也有各种各样的溶洞，溶洞在半山腰和山底都有，有的洞口有3、4米高，有的只容小鸟飞入，半山腰的溶洞我们无法进去，3月23日，我们专门到山底的一个溶洞去探秘。这个溶洞的洞口在一座高近百米的垂直高大岩壁下，

俄贤岭林区发育在岩石上的大树

栖息在俄贤岭的小褐蜻（左）和蝶角蛉

栖息在俄贤岭的竹节虫（上）和金斑虎甲

生长在俄贤岭石灰岩地区雨林中的钝叶秋海棠

生长在俄贤岭石灰岩地区雨林中的指叶毛兰

溶洞中像微缩梯田一样的钙华景观

被浓密的树木遮挡着。我们拨开洞口的草木，慢慢走进洞中，一进去就感到凉风习习，脚下是石块、朽木和烂泥。进洞不到几米，光线就暗了下来，我们各人都打开手电筒向四处观望，只见头顶上有大大小小的钟乳石垂下，还在滴滴答答往下滴水，地面上也有许多石笋，就像长出地面的竹笋一样，有些石笋达一两米高，看上去很壮观。有趣的是在靠近石洞壁的地方，长出许多像微缩梯田一样的钙华，整整齐齐排列在地上。因为洞中有许多枯枝败木，暗溪从中流过，头顶又有石笋垂下，有的地方高度还不到一米，人要爬过去。我们考察队员除了手电筒以外没有其他的探洞工具，也不敢太深入洞中，走了不到100米就退出了。在洞中除了发现一些蝙蝠以外，没有看到其他动物。

短短一个星期的考察很快就结束了，专家们对这一片奇特的热带雨林给予了高度的评价。由于俄贤岭热带雨林生长在山势陡峭的石灰岩山脉，在海南岛乃至全国范围内是很少见的一种类型。又由于当地交通不便，所以从未进行过工业采伐，动植物资源十分丰富，是大自然留给海南的一块宝地。可惜虽经多方努力，这里到现在还没有划为自然保护区，暂时由香港嘉道理中国保育资助的一个保护站在代行保护职能。

热带雨林中穿石而下的溪流　五指山保护区

湿润的雨林内部　五指山保护区

# 雨林的血液

水是热带雨林的血液。

天上的降水，地上的小河溪流，树枝、树叶上的露水，甚至抓一把空气都可以捏出水来……在热带雨林中旅行考察，人们随时随地遇到最多的就是水。

2009年9月中旬，我随科考队到海南岛黎母山脉南坡的佳西自然保护区考察。在我们考察进山徒步去往营地的过程中，半天时间在路上就淋了三场雨。我们的营地设在保护区一处海拔1280米的台地上，帐篷前边不到五米的地方就有一条清澈的溪流。佳西是有名的湿润之地，这里的空气常年湿度巨大，在我们考察的一个多星期中，每天都要下两三场雨，雨量很大但下的时间不长，大雨说下就下，说停就停。每次从营地外出考察之前，我都要准备好两个结实的塑料袋，大雨一来就把照相机和闪光灯装进去，人就只好任雨淋一阵了，在雨林中工作穿雨衣、打雨伞都没什么作用。为了防雨，我们的营地帐篷上边还搭了一张大大的塑料布，但是也起不了多大作用，还常常积水，有时候半夜下大雨也得起来顶起塑料布让水流走，不然就会淋到帐篷里。由于空气湿度太大，帐篷里的睡袋、衣服等东西整天整晚都湿漉漉的，特别不爽。我的尼康D3相机由于受潮，背后的显示器出现了一大块雾斑，到现在也没有退去。

山上的温度到晚上只有十几度，睡在潮湿的睡袋里边极不爽，又湿又冷。天早早地就黑了，有时候实在不想钻进睡袋，我就找一个可以抬头看到天空的地方坐下来抽烟看星星，那真是一种久违了的感觉——因为没有灯光和空气污染，林区的夜空清朗透明，繁星密布，天空的银河、北斗星、牛郎织女星等，凡是我能认识的星座都历历在目，那感觉就好像回到了几十年前的童年时光，既温暖又有些伤感。

有一天，我随专家们到保护区的红水河沟谷去考察。因为这一带生长着大面积的华南五针松，雨水浸泡落在地上的松针又流到河里，整条小河的水都是淡红色的。河边的岩石、树木、倒在地上的朽木上，到处都长满了厚厚的苔藓和地衣，有些苔藓和地衣甚至长成了小草状，在别处极少能看到那么大的苔藓，十分神奇。

2001年8月，我到霸王岭去采访，遇到了考察中最大的一次大雨，至今难忘。那一次正好学校放假，我就带着儿子一起到雨林去体验一下。8月25日，我和我儿子及《海口晚报》记者梅志强开车来到保护区与张剑锋副局长等人汇合以后，买了大米、油盐、菜、香烟等生活用品，当天就赶到山中的南叉河观测点。这里是霸王岭条件最好的一个观测点，有香港一个慈善机构捐助的一排4、5间平房可供住宿，是我每次到霸王岭采访的"据点"，但其他都和别的观测点一样，没有电，没有水，做饭烧枯树枝，也没有通讯设施。我和儿子住在一间房子里，我睡在桌子上，在地上放了充气睡垫和睡袋我儿子睡。那一天的笔记中我写道："晚上8:15吃完饭，吃的腊肉炒白菜和米饭，青菜汤。然后打着手电让他（就是我儿子）洗碗。天有浮云有月亮，星星不多，玩得高兴。"儿子只有8岁，是第一次和我一起真正地到雨林深处住下来体验和了解雨林，他看到什么都觉得很新鲜兴奋。第二天一早我和同行的《海口晚报》记者梅志强、保护区管理局副局长张剑锋一起上山寻找长臂猿，一上午没什么收获，12点钟返回的时候就开始下大雨了。开始我们根据以往的经验，觉得林中的大雨不会下得太久，还躲在大大的葵叶下边想等雨停了再走，可是等了一个多小时雨

栖息在溪流中的平胸龟　鹦哥岭保护区（1）
锯腿小树蛙（2）和眼斑小树蛙（3）　佳西保护区

我儿子在营地抓蜗牛玩

还是不停,而且葵叶也挡不住多少雨水,我们身上已经快湿透了,索性就冒着大雨下山回住处,几乎是连滚带爬地回到了南叉河,全身泥水、衣服湿透。从这天开始,大雨就不停地倾倒着,下得昏天黑地,我的笔记中每天都有"大雨一夜未停"、"大雨仍在下,如注"、"早上8点多不点蜡烛房间里不能看书和写字"等字样。我们观测点原来用竹子当水管引来的山泉"自来水"被冲坏了,就在房门前放了三只铁皮桶接雨水,两三分钟就可接满一桶水,可见雨量有多大!大雨困住我们也没法外出观察工作,整天就是做三顿饭吃和聊天。连日的暴雨,冲出了一些平时在热带雨林中也难得见到的藏在地下的生物,好多蚯蚓、螃蟹、蜗牛等都爬到了我们住的房子里,地铺不能睡了,我和儿子一起挤在桌子上睡。印象最深的是在林边看到的一种大蚯蚓,比我的大拇指还粗,黑红色,有2尺长,像一条蛇一样很吓人,我还幸运地拍到了一只山螃蟹猎食这种大蚯蚓的照片。我儿子也不能出去,闷得难受,只好抓大个的蜗牛玩。

同一条小溪在雨季和旱季的不同水流　霸王岭保护区

到了8月30日，我们带的菜早已吃完了，大伙在住地附近的草丛中拣了一些不知从哪里被雨水冲出来的一寸长的小鱼，做了一锅鱼汤吃米饭，还收集了一堆大蜗牛准备下顿的。饭后我和护林员陈少伟、森林警察王安叶一同出发去探路，必须赶快返回林业局，不然会有危险。来时的林间小路可以开越野车通行，现在徒步也难走了，泥浆有一尺多深，到处是塌方和倒下的树木，离观测点不远的一条小溪，平时不到一米宽，水深不到一尺，现在却成了一条汹涌的大河，宽达十多米，声如雷鸣，在山石间奔涌而下，声势夺人。我们探路探了不到500米就只好返回了。

我们被困在这里，直到9月初雨势减小，才开始返回。在我们徒步返回林业局的路上，看到了大雨的恐怖：往返南叉河和林业局的路上原来有一座石拱桥，桥面离河沟的水面大约有10米高，平时河水很小不足半米深，可是这次石桥也被大水冲毁了，可见当时的洪水有多大。在我们返回林业局的半路上，我儿子还拿出他自己带的巧克力和牛肉干分给同行的人们吃，得到大家的夸奖，我也觉得他表现很不错。那23公里的路真是艰难啊，一路泥泞一路过河，我们成年人也走到筋疲力尽了，小家伙坚持着和我们一起前进。当涉过那座被大水冲毁了石桥的小河后，遇到了林业局副局长周亚东，他带着救援人员和面包、煮鸡蛋等食物来营救我们了。我们这一群人狼狈不堪地走到林业局所在的小镇，忽然有好多记者扛着摄像机、照相机围拢过来对着我们猛拍，还问这问那，原来这次大雨和洪水已经成为海南当地的一个重大新闻事件被媒体报道了。霸王岭保护区的办公楼和宿舍，都被洪水淹没了一米多深，林业局还有几位职工在这次洪水中不幸遇难。

我们知道，植物在光合作用中所用的原料最多的是水，地下的水分被树根吸收，必须运送到树叶中，才能进行光合作用。但是一棵高达三四十米的大树，是什么力量使水分从下往上地流到它树冠部分的枝叶呢？首先是根压，植物根部细胞液的浓度往往大于土壤中水分的浓度，因此水分总是向植物根部渗透，产生的压力即根压，一棵10米高的大树，根压可达2—3个大气压。第二个使水分上升的动力是蒸腾拉力，由于树叶表面不断地蒸腾、散发水分，蒸腾过程中产生的吸力就是蒸腾拉力，一棵10米高的大树的蒸腾拉力可达10—15个大气压，它使植物根部的水分迅速达到植株的各个部位。第三是内聚力，水分运输到叶片的过程中，在根、茎、叶脉导管中的水分子彼此之间存在着一种吸引力——内聚力，它可保持植物体内的水分形成一个连续的"水柱"，水分子之间结合的非常牢固，保证脉管中的水分形成连续的水柱而使水分不断上升。

由于根压、蒸腾和内聚力的共同作用，植物根部的水分很快就被运送到树冠，其速度每小时可上升40多米，最慢的也可达到5米。

不过，植物"辛辛苦苦"从根部输送到树叶的水分，只有极小一部分被利用，绝大部分都从树叶蒸发到空中了，其利用和被蒸发出去的水分的比例大约是1∶1000。一棵我们常见的向日葵，在一个夏季所蒸发到空中的水分就可达100余吨；在夏天，一棵桦树的树叶每天就可

雨林中的瀑布和水潭　五指山保护区

雨中觅食的螳螂　五指山保护区

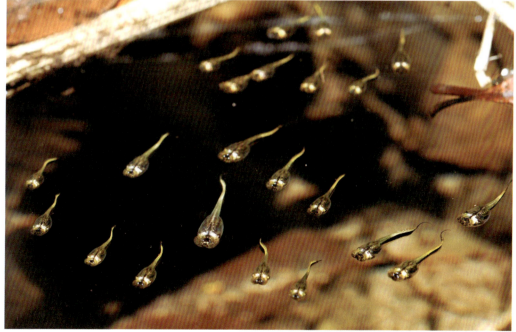

小弧斑姬蛙（上）和它的蝌蚪　佳西保护区

一只游泳的丽棘蜥 佳西保护区

红蹼树蛙 佳西保护区

向空中蒸发水分约3400升。可想而知，热带雨林植物所蒸发的水分数量有多么巨大，所以雨林地区上空经常是雾气弥漫，空气中水分含量极大，暴雨说来就来。海南的热带雨林地区，年降雨量可达到2000－3000多毫米，气候和临近的地区有很大不同。同时，各种雨林植物的根系还有很强的涵养水分的作用，国外的科学家做过研究，一棵普通的燕麦，在一个生长季节中可以生长出总长600余公里的根。在雨林中，一棵高20余米、胸径一米左右的大树，它的根系有多长呢？很难查出具体的数据，但是这样一棵大树的根系大约可以涵养水分20吨。它的根系可以紧固土壤，让土壤在大雨的时候像海绵一样吸收积蓄更多水分而不至于被雨水冲走，然后再把涵养在土壤中的水分缓缓地释放出来，滋养着林中的溪流小河，即使在旱季也源源不断。海南岛的南渡江、万泉河、昌化江等大河，都发源在热带雨林茂盛的中部山区。这些河流是海南岛主要的淡水来源，支撑着当地人民的生活和工农业生产用水。不仅如此，更重要的是河流和它们众多的支流还是大量生物聚集和繁殖的场所，比如龟类、蛙类、蜻蜓、豆娘等等，鱼类就不用说了，都是依靠水源才能繁殖生存的动物，一生离不开水，它们是热带雨林生态系统的重要组成部分。像蜻蜓和豆娘，它们产卵都

五指山三叠瀑布（左）和岩石上被溪流冲蚀出的水沟　五指山保护区

是在水中，它们的卵在水中孵化成若虫，若虫要在水中生活很长时间才会爬上岸来，变成会飞的成虫，求爱、交配、再到水中产卵，完成繁殖后代的重任，度过生命中最后一段辉煌的时光。

除此以外，雨林水系所形成的各种大小瀑布、溪流、水潭、河道上的万年石臼等，千奇百怪，风韵各异，都是很好的旅游资源，像吊罗山的枫果瀑布、黎母山的吊灯岭瀑布、琼中县的百花岭瀑布、万泉河的朔溪和漂流等，现在已经是有名的旅游景点和项目，是海南建设国际旅游岛的重要资源依托。

热带雨林涵养了水源，水在林中是如此重要，愿山中雨林常绿，愿林中溪水长流。

溪流边朽木上雨后快速萌发出大量真菌 鹦哥岭保护区

# 蘑菇和真菌

在雨后走进热带雨林，你只要稍微注意一下地面上的朽木和枯枝败叶，就会发现许许多多的蘑菇和真菌。它们大小不一、形状不同、色彩各异，有的大如磨盘有的小如绿豆；有的白色有的红色，还有些呈现无法准确表述的奇异色彩；有的像伞，有的像盘子和碗，有的呈球状，有的呈网状，形形色色，不一而足，是热带雨林中一道美丽的风景。

我最早一次被奇异的蘑菇吸引，还是在1998年到霸王岭拍摄长臂猿的时候。那一次在保护区的观测点住了十多天，每天在山里追踪守候，也没有见到长臂猿的影子。不过天天在山林里爬上爬下，看到各种有趣的植物和菌类。开始我也没有在意，只是拍摄一些好看的树木和花朵昆虫等。有一天上山，因为前天夜里下了一场雨，路不好走，我和同去的陈少伟走的很慢，我发现很多地方一夜之间长出了许多蘑菇和菌类，大大小小，齐刷刷地冒了出来。其中有一个菌类的样子、大小和高脚酒杯一模一样，一根菌杆上边托着一个倒锥形的菌体，里边还有一些雨水，真是巧夺天工！我跪在地上认真地拍摄这个少见的东西，陈少伟却对我说，下雨以后树林里各种蘑菇都很多，催我赶快走。从此以后我每次到热带雨林中考察采访，都注意观察和拍摄各种各样的蘑菇、菌类，并注意向同行的专家们讨教关于它们的知识。

盘菌科的菌类　霸王岭保护区（1）
咖啡色的覃菌　五指山保护区（2）
伞状的真菌　五指山保护区（3）
网状的真菌　霸王岭保护区（4）

枝瑚菌　霸王岭保护区（1）
这是一株很罕见的真菌，它的菌丝直接生长到菌伞上
　　　　五指山保护区（2）

蘑菇和真菌，是一些不起眼的小生物，往往不被人们重视，但是在雨林的生态循环中却起着重要的作用。专家告诉我，真菌平时都是以菌丝的形态存在于土壤中，不断地分枝、生长，数量非常巨大。它们不含叶绿素，自身不会光合作用、不能制造养分，必须从别的动物或植物中得到养分。有些寄生真菌取食的方式是繁殖在死亡的动、植物上，还有些先寄生在活的动、植物上，吃空寄主的身体来繁殖自己。大量的则是在土壤中，分解它们所遇到的细菌所不能分解的所有东西。真菌们把动、植物分解为简单的化学物质比如氨基酸等，部分用于自身生长，其余的释放在土壤中供其它绿色植物利用，在雨林的生物循环中起着很重要的作用。蘑菇、真菌没有种子，靠孢子繁殖，到了繁殖的时候，它们才在雨后合适的时候萌发出来，尽快地长成我们可以看到的各种蘑菇、伞菌等，然后开始不断地释放繁殖的孢子。有些蘑菇、伞菌可以每小时释放出数以百万计的孢子，孢子随风飘扬，蘑菇也就到处生长。有一次在五指山采访的时候，我遇到一个球状的真菌破裂，从裂缝里不断喷出白雾一样的气体，因为它们喷发的时间很短，我一时没有反映过来是怎么回事，后来再想想，原来是真菌在散发孢子，可惜当时没有来得及把这一难得见到的过程拍摄下来。有些真菌的孢子飘附到昆虫的身上，就会在它们身体上繁殖起来，直到把昆虫杀死。

菌的种类十分繁多，比如我们都知道的灵芝，就是一种菌类，仅灵芝的种类就达100种以上，有些木灵芝可以长到一二百斤重，而有些不知名的真菌则十分细小轻柔，吹一口气似乎就可以把它吹散。大多数的菌类在雨后快速生长出来，但是它很短命，往往几个小时或一两天就死去了。传说中的千年灵芝，好像没有人见到过，就算真的有，也已经长成木质了，能有起死回生的神奇作用吗？

还是在2009年9月那次在佳西自然保护区的考察中，我遇到了两个奇特的东西。可能是因为那里的雨林环境湿度特别大的原因，真菌繁殖很多，有一天我们在河沟里考察，我发现在一棵倒地的大树树干上

乳白色的覃菌　五指山保护区　　　　　　　　　　　灵芝　鹦哥岭保护区

一只盲蛛和碗状的菌类　黎母山保护区

菌丝从毛毛虫的身体两侧整齐地长出来　佳西保护区

长着很多苔藓，绿色的苔藓中有一丛白色的植物特别显眼，我趴下来用相机的微距镜头仔细观察，原来这些白色的东西是从一只小毛毛虫的身体上长出来的，沿着虫子的身体两侧，一根根整整齐齐地向上生长，就像两排白色的小树枝。我立刻就想到了在青海高原曾经见过的冬虫夏草。我问同行的香港嘉道理专家卢刚，他说，这就是真菌在这个虫子活着的时候就附着在了它身上，然后慢慢吸取虫子的营养，自己长大，长出了这些菌丝，虫子也就慢慢死去了——还真是和冬虫夏草差不多呢。在同一天，我还发现一只已经死去的胡蜂，在脖子的部位长出了一根十多厘米长的菌丝，像个小树枝，这只胡蜂应该也和那只虫子的命运一样，活着的时候就中了真菌的招。

真菌和蘑菇，不仅加快热带雨林中的生物循环，点缀着森林的景观，有许多品种还是我们人类不可多得的美食，比如松茸、灵芝、木耳、各种香菇等等。

蘑菇和真菌是热带雨林生态系统的重要一环，所有生物的好伙伴。

# 生存之道

热带雨林中生长着数以万计的植物和动物。为了生存和繁殖后代，每一种动物和植物都必须适应雨林中令人难以置信的复杂生活环境，找准自己的位置，以求得在竞争环境中的生存。然而在看似寂静、沉闷和幽暗的热带雨林里，却处处暗藏着杀机和残酷的生存竞争，"弱肉强食"的丛林法则就出自于复杂的热带雨林。各种生物为了自己的生存和种群的繁衍，时时梦想着猎取到自己的食物，又处处提防着自己成为其它生物的美食，苟全性命于林中。就算高达几十米的参天大树也并非是雨林中的王者，一样会有绞杀植物来取它的性命。

除了作为初级生产者的植物以外，昆虫在雨林中处于消费食物链的末端。它们大多以食草为生，既无凶猛的牙齿和脚爪御敌，也少有灵活机动的逃跑方式，是食肉动物的最佳食品。为了保持"种族"的繁衍，在亿万年的进化过程中，昆虫们发育出各种令人叹为观止的神奇伪装术，或模拟所处环境的颜色，或模拟当地植物的图案和形状等，以适应环境、隐藏自己，减少被天敌掠食。不仅如此，它们凭着本能，总是能找到和自己"外衣"最为相似的隐蔽环境。一般来说，这是因为某种昆虫有自己的特定食物源和栖息环境，其进化的方向也就会向着适应这种环境的方向发展。在自然界中，昆虫的伪装术大大高明于其它动物，有很多都可以骗过人类的眼睛。有些昆虫还会使用

这是毛穿孔尺蛾，它的翅膀就像一片烂树叶　鹦哥岭保护区（1）
枯树枝状的竹节虫　尖峰岭保护区（2）
竹丛中的竹节虫　俄贤岭保护区（3）

这是一只纺织娘的伪装　五指山保护区

拟态的方式保护自己，把自己伪装成一片枯树叶、一段小树枝或其它东西，以防被其它动物掠食，竹节虫就是拟态的高手。

2003年3月初，我到尖峰岭林业局采访，有天早上在招待所院子里的小树下，发现一节枯树枝在动，原来是一只竹节虫。它浑身是黑灰色，表皮显得凸凹不平，动作僵硬，完全像一段枯树枝一样。2007年3月19日至25日，我随海南省野生动植物保护管理局和香港嘉道理农场暨植物园的专家组织的"俄贤岭野生动植物考察队"一起到俄贤岭考察。我们的营地边长着许多竹子，空闲时间我们常坐在帐篷边的细竹子上聊天。有一次我看到腿边的一小节竹子忽然向前移动，仔细再看，原来是两只竹节虫。它们约有15厘米长，身体粗细和圆珠笔芯相仿，身上四个地方长着像竹节一样的突起，六条细长的腿也是笔直笔直的，全身是黄绿色的颜色，和一节竹子一模一样。它们如果隐藏在竹从中不动，人很难发现，天敌也难以发现它们的存在，其拟态技巧堪称完美。

有一次在五指山考察，我还发现一只纺织娘，它的伪装术也令人叹服。这只纺织娘身体呈纺锤状，就像一片两头尖尖的树叶，浑身翠绿，和它藏身处的树叶完全一样，尤其是它身体上长出的颜色深浅不一的装饰条纹，和树叶上的茎脉完全相同，起到最好的保护色作用。

2009年5月，我到大田自然保护区寻找蟒蛇的踪迹。那次遇到的一只小小蜡蝉也堪称一绝。那天傍晚我们结束了一天的工作正在返回住地，走在树丛里，忽然一只小虫子从远处跳到了我面前的一片树叶上，它太小了，只有一粒黄豆那么大，天快黑了也看不太清楚。我准备好闪光灯开始拍摄，透过相机的微距镜头，我被它那一对黑黑的大"眼睛"和长长的"触须"吸引，端着相机认真拍摄了许多照片，并未发现什么异样。等到返回住地在电脑上放大这些图片认真观察，才发现我完全被它的伪装迷惑了：它的一对"黑眼睛"只是一对黑色的斑纹，它的一对"触须"，实际上是变形了的突尾，头部却很"低调"，既没有明显的眼睛，也没有长长的触角，正在相反的另一端，

上图是漆点旌翅颜蜡蝉伪装成头部的尾部，下图才是它真正的头部
大田保护区

完全和灰色的身体融为一体。如果是别的小虫小鸟来袭击它，肯定会首先在那一对"黑眼睛"的地方下嘴，它自然就可能躲过致命的一击。我请同行的专家来看，他们一时也分不出这是一只什么昆虫，只觉得它的伪装很神奇。后来又请教专门研究蝴蝶和昆虫的香港专家罗益奎，才知道这个小东西叫漆点旌翅颜蜡蝉。我也暗自觉得庆幸，那天如果不是它自己忽然跳到我面前，我到哪里才能找到这样的小精灵呢？真是上帝保佑，功夫不负苦心人。还有一次在五指山保护区考察时，我拍摄到一只紫红色、身上有淡黄色和黑色与银色相间条纹的蝴蝶，很漂亮，叫密斑银线灰蝶。它也有与漆点旌翅颜蜡蝉类似的伪装手段，翅膀的尾部也长着明显的突尾和像眼睛一样的黑斑，以躲避天敌对致命部位的袭击，提高生存概率。2010年6月我到五指山采访，拍摄到一种叫掌舟蛾的蛾子，也是昆虫界的一个伪装高手。6月2号，我早早起床拿着相机在营地周围沾满露水的草丛中散步，发现一只深色

掌舟蛾的神奇伪装，左侧是头部右侧是尾部　五指山保护区

的蛾子停留在地面的一片绿色草叶上——它真是选错了停留的地方，估计是昨天晚上被我们营地的灯光吸引过来以后，忘记了给自己寻找合适的藏身之地，被我很容易地发现了，这对它来说是致命的错误，幸亏我不是它的天敌，只是拍摄而已。因为清晨的露水很多，这只蛾子身上也沾着一些露水还不能起飞，我蹲下来仔细观察。蛾子只有一厘米多长，浑身是深浅不同的咖啡色和黑色色斑，就像一段枯树枝，最奇特的是它的尾部，颜色是淡黄色的，一丛细细长长的绒毛向上翘起，好像是刚刚被折断的一截树枝，太神奇了，真是可遇不可求啊，我认真地拍摄了这只神奇的小蛾子。

在多年的热带雨林考察中，我遇到过许多完全超出我自己想象的昆虫，它们的各种神奇伪装技巧，是我的笔墨所难以形容的，但是照片可以逼真地再现它们的奇妙之处，看看照片就知道它们的伪装拟态本领有多高了。

一只毛绒绒的舟蛾隐藏在树干上　鹦哥岭保护区

　　昆虫们的这些神秘自我保护方法精灵古怪，惟妙惟肖，使人难以置信。昆虫怎么知道它应该是什么模样呢？它如何模仿的那么像呢？昆虫们自己当然一点也不知道，它们不可能有意识地去模仿，那完全是由于它们进化过程中某些个体的变异和自然选择造成的，并非偶然得来。比如在变异的过程中，如果哪只昆虫的翅膀上偶然长出一种奇特的图案而吓得小鸟不敢吃它，它就能够生存下来进行繁殖，在它的千百后代中，像它那样有这种有利图案特征的后代就比别的同类更容易生存下来并进行繁殖。而没有这种"有利图案"的个体就比较容易受到攻击，久而久之，数量越来越少，慢慢不再出现。在自然界中，物种产生的越能适应环境的变异特质，就越会被遗传给后代，就算是不能全部遗传给后代，也会遗传一部分，以便后代们更好地生存，昆虫们就这样慢慢进化出了千奇百怪的自我保护的本领。达尔文在《物种起源》中说：这种对有利的个体差异和变异的保存，以及对有害变异的毁灭，叫做"自然选择"，或叫做"最适者生存"。

　　为了生存，物种必须进化。能够流传到现在的所有物种，都是进

小白纹毒蛾的幼虫在受到惊扰时分泌出毒液　鹦哥岭保护区

化过程中的佼佼者。

　　昆虫们除了利用模拟颜色、形状和图案来保护自己以外，还有一种反其道而行之的方法，那就是警告色。警告色一般是用色彩非常鲜艳、具有某种警告含义、与周围环境明显相区别的颜色来武装自己，起到威吓对方的作用，从而保护自己"免遭毒手"。其实从某种意义上来说，警告色也是模仿的一种，只不过是模仿一些有毒的菌类、昆虫或是凶恶的猛禽等。有些种类的昆虫有鲜艳的色彩，使自己看起来毒性很大；有些种类的蝴蝶或蛾类，翅膀上有着很大的红色、黑色或蓝色的眼斑，用来警告对方，使对方误以为遇上的是一些凶猛的野禽，而小的眼斑则可以作为转移被攻击的要害部位的牺牲点。

　　在伪装无效或被识破的时候，许多昆虫还会用"化学武器"来驱赶天敌，保护自己。有一次我在鹦哥岭保护区采访，在树枝上发现一条色彩鲜艳的毛毛虫，只有一厘米那么长，身上长满了一丛丛黄色、白色、黑色的毛和刺，我拍摄它在树枝上爬行的照片，它很正常。但是当我用树枝挡在它面前迫使它改变爬行方向后，不到半分钟，小毛

生存之道　187

这是丽棘蜥在不同环境中身体所变化出的不同颜色 五指山保护区（1、2）
长满带刺防护网的龙珠果 大田保护区（3）
小湍蛙模仿腐朽竹子的防护色，惟妙惟肖 五指山保护区（4）

虫身上那些极细的刺，就分泌出一滴滴透明的液体。许多毛虫在受到惊扰和袭击时都会分泌出一些有刺激性、腐蚀性的液体，起到对侵犯者的防御作用。我后来查阅资料，这种毛虫是小白纹毒蛾的幼虫。有的虫子还会放出刺激性气体，比如多种蝽都有这种能力，在受到惊扰袭击时会放出很臭的气体，有的还会喷出很臭的液体，从而使天敌退避三舍。如果喷到人手上，很难洗掉臭味。

除了昆虫以外，热带雨林中有很多小型的脊椎动物也有很强的适应环境、保护自己的"天赋"，蜥蜴，也就是我们熟悉的变色龙就是其中之一。海南岛共生活着28种左右的蜥蜴，在五指山、鹦哥岭等保护区考察时，我遇到过两种蜥蜴，一种叫变色树蜥，一种叫丽棘蜥。当变色树蜥趴在一棵树干是咖啡色的树上时，它从头到尾全部呈现为咖啡色，带有黑色的条纹，而当它来到一棵绿色的树干时，又会变为夹杂着黑线条的浅绿色，而处于发情期时，雄性变色树蜥又会变成鲜红色；我遇到丽棘蜥的时候，它正趴在一块咖啡色的岩石上，小心翼翼地低着头蜷缩着身子，身体也完全是咖啡色的，和岩石融为一体；后来它又爬到一棵老树的树干上，身体很快就变成和树干一样的不规则的黑、绿相间的花色，又和树干融为一体，令人佩服。海南热带雨林中有一种特有种青蛙叫小湍蛙，平时它都是生活在水边溪流，身体一般是咖啡色。但是有一次我在五指山考察时，拍摄到一只停留在一棵枯死的竹子上的小湍蛙，它身下的竹子已经发黑开始腐烂，竹皮上鼓起许多小泡泡，这只小湍蛙趴在上边，身体也变成黑色，皮肤上同样鼓起些大小不一的泡泡，不仔细看很难发现它的身影。

在热带雨林中，不仅动物有各种各样的自我保护办法，就连植物也发育出许多防御被采食的措施，叫人叹服热带雨林的神奇。比如我在大田保护区考察的时候，就遇到一种植物，长着比核桃小一点的果实，被一层刺网包裹着。陪我一起的大田保护区管理局张海副局长告诉我，这种果实叫龙珠果，味道很好，人也可以吃的，我摘下两个小果子想尝尝味道，但很难剥开外边那曾长满了刺的保护网，其它动物

布满尖刺的"酸木腊"果树　五指山保护区

黄藤是编织藤器和山民日常捆扎东西的最佳原料,但它的刺锋利尖锐可以刺穿一厘米厚的橡胶鞋底　霸王岭保护区

要想吃到这果实一定很难办。还有一次在五指山保护区考察,我们一行人在山坡上看到几棵灌木上结着像乒乓球大小的鲜红色果实,保护区的朋友告诉我这种果实当地黎族话叫"酸木腊",不知道学名,果实味道酸甜可口很好吃。不过想吃也不容易,这种"酸木腊"的枝条上、果实下边和树叶的背面,都密密麻麻长着像牙签一样粗的尖刺,很硬很锋利,如果小鸟想采食这种果子,很难在树枝上立足。这几棵小灌木上结着很多果实,有的熟了有的半生,看不出被动物采食过的痕迹,可见这些尖刺的防护效果还是挺好的。雨林中的其它植物如黄腾、木棉树等,也都有类似的、外观可见的"防护手段"。专家告诉我,还有许多植物的叶子、果实等含有不同种的化学物质,以阻止鸟类、毛虫等等的采食。

神奇的热带雨林用自然选择的方式,造就了各种各样的神奇生物。它们在不同的空间位置里生活,相互竞争,相互残杀,又互相帮助、相互利用,每种生物都在和其它生物争夺食物、住所,互相猎食或被猎食,使热带雨林的生态系统复杂多样,丰富多彩。

脆皮蛙趴在溪流的卵石中和环境融为一体　霸王岭保护区

蟹型疣突蛛在进食的同时还捕捉到另一只苍蝇　五指山保护区

斑络新妇捕食叶蝉　黎母山保护区

# 雨林中的杀戮

走进热带雨林，人们的主要感觉就是昏暗、沉闷。空气闷热难耐，也看不到动物奔跑，只有潺潺流水和远处传来几声清脆的鸟鸣声，就连树木花草都很少被风吹动摇曳。然而就在这安静沉闷的背后，热带雨林中却处处进行着残酷的杀戮和生存竞争。翻开地上一片小小的树叶，下边也许正有几只蚂蚁厮咬着刚死去的胡蜂尸体；观察遇到的一片蛛网，正有一只饥饿的蜘蛛藏在角落里等待着撞到网上的飞蛾；在空中缓慢飞行的蜻蜓，忽然来了一个急转弯，虽然你没看清楚，可能一只小飞虫已经被它凌空捕获了；而溪流边的一棵大树上则紧紧缠满了粗细不同的树根，就像个五花大绑的汉子，绞杀榕正耐心地用它的气根慢慢包裹住这棵大树，枝叶沿着大树的树干向上生长，直到大树死亡而取代它的位置。

2006年5月在五指山保护区考察时，我在我们营地旁边的草地上发现了一只长着棕色的身体、黄色长腿的蜘蛛。同行的专家说这个叫蟹型疣突蛛，在海南岛的热带雨林中是很少见的一种蜘蛛，这一只是雌性，雄性为黑色。每天早上出发前和晚上回营地后，我两次到它藏身的地方观察，希望看到它捕食的方法。四天中，我发现它的活动范围没有超出一平方米的草丛，它的两对前腿很发达很灵敏，上边长满了尖刺，有一天我终于看到，它用这些长腿快速打击来到身边的一只苍蝇，用腿上的刺扎住苍蝇送到嘴里，一边用牙齿咬，一边从嘴里分泌出一种黑色的液体腐蚀这只苍蝇，很快就把它吃完了。神奇的是，蟹型疣突蛛在吃这只苍蝇的同时，还挥动长腿捕捉到另一只苍蝇——它还可以一心二用。这种蜘蛛不会结网，只会在树叶上或草丛中"守株待兔"等吃的。还有一次，我们在鹦哥岭保护区进行考察的时候，我看到一只黑色的蝴蝶在树枝上慢慢地煽动翅膀，但好久也飞不走，觉得有点奇怪。等我走近仔细看，原来，它已经被一只藏在树叶间的淡绿色的蟹蛛咬住了胸部，无法逃脱了。还有一次我在吊罗山自然保护区考察采访，看到一只大个的斑络新妇的蛛网上粘住了一只小小的叶蝉，斑络新妇快速爬到猎物身边，一边从尾部向叶蝉身上吐丝，一边转动叶蝉的身体，很快就用蛛丝把猎物包裹起来，叶蝉还在里边挣扎呢，蜘蛛已经张嘴开吃了！

在生物界，植物可以合成营养，动物则只能吃别的植物或动物。食肉动物和食草动物又有不同，食肉动物必须有敏锐的感知能力和高超的捕食技巧才能存活下去。在热带雨林中考察旅行，只要仔细观察，就能发现许多这样的搏杀场面。

同样是在五指山自然保护区的一次考察中，我遇到了黄猄蚁围猎双刺猛蚁的一幕。那天我们在林中考察到中午，正在一处河边的岩石上休息吃干粮。我偶然低头，看到一群黄色的黄猄蚁和一只黑色的双刺猛蚁在打架。这只黑色蚂蚁个头明显比那些黄色蚂蚁大一些，可能是受伤了吧，落在了这群黄猄蚁中间。如果一对一地打斗，黄猄蚁肯定不是那个黑色双刺猛蚁的对手，但是黄猄蚁很聪明，互相配合非常好：有六、七只黄猄蚁用牙齿咬住双刺猛蚁的腿和触须，向四面八方拉开，使大黑蚂蚁不能动弹，其余的黄猄蚁上去直接攻击黑蚁的身体，直到把它大卸八块为止。蚂蚁是节肢动物，有些蚂蚁吃肉，有些蚂蚁吃草，还有些是杂食性的。蚂蚁是"社会性"最强的动物之一，种群内部分工明确、各司其职。它们虽然个体微小，但庞大的种群数量和严密的分工合作，使它们的工作效率大大增强，是热带雨林中可

蟹蛛在树上咬住一只眉眼蝶　鹦哥岭保护区

怕的杀手,它们齐心合力,常常可以猎杀和搬动比自己身体大几十倍的猎物。

  2010年6月,我来到鹦哥岭自然保护区,和当时正在进行海南热带雨林螳螂专项研究的保护区科研科李飞工程师一起,对当地的螳螂进行了几天的观察。李飞说,根据他自己的研究,海南热带雨林中的螳螂品种至少有40种以上,而不是以前认为的20多种。螳螂也是雨林中的一种捕猎高手,而且因为数量较多比较常见,更容易被人们观察到。当天在鹦哥嘴保护站,我就看到一只大大的绿色螳螂在空中捕捉一只飞蛾的场面。李飞告诉我,这种绿色大螳螂叫广斧螳,是很常见和凶猛的一种螳螂。李飞带我来到离鹦哥嘴保护站不远的一条河边,在一棵大树根部的苔藓中慢慢寻找,找到几只小小的螳螂,大概只有一厘米长,浑身是灰绿色的保护色,藏在树皮上的苔藓中很难发现。原来,李飞早已把这个地方当成了观察基地,来了就能看到,和自己养的一样方便。李飞说,这种小螳螂叫海南角螳,是一个海南特有品种。我透过照相机的微距镜头,看到它的头上除了两只触须以外,真的还有两只角,很奇特的一种螳螂。它们的个头太小,又有很好的保护色,藏在苔藓中,如果不是有李飞指点,我就算是在这棵树下休

正在捕食的中华弧纹螳　鹦哥岭保护区

息，也很难注意到这里还有一些螳螂生活。在这几天的考察中，我们还发现了两种树皮螳螂科的螳螂和中华弧纹螳、明端眼斑螳等几种螳螂。树皮螳螂科的这两种螳螂生活在高大树木的树干上，都是黑灰色的身体，趴在树上不好发现，但是在李飞眼里一下子就现出原形，我则需要他指点半天才能看到。和专家一起同行，最大的好处就是他们用专业的眼睛，往往可以敏锐地发现我们一般人所看不到的东西，我在专家的指点下也就可以经常有新发现。跟着李飞，我们还观察到了明端眼斑螳和中华弧纹螳捕食苍蝇的画面。后来来到位于白沙县城的保护区管理站，李飞让我看他饲养用来研究的一只大的绿色广斧螳。这个螳螂个头大，在专门养螳螂的一个塑料容器里来回爬行，一点也不老实呆着。我请李飞把这个凶猛的绿色广斧螳拿到院子里，放到草地上，捉来一只蝴蝶和一只蚂蚱喂给它吃，想仔细看看它是怎么吃东西的。我们先给它一只蝴蝶，广斧螳冲上来一下就用它大刀状的前臂夹住蝴蝶，直接从蝴蝶的头部开始吃。它的上嘴唇很大，像个盖子一样把嘴都盖住了，但是吃食物的时候会抬起来，露出里边的大嘴，吃东西的速度很快，牙齿有力，连蚂蚱硬硬的大腿也可以咬碎吞下。我觉得挺吃惊的，以前没有这么近和这么仔细地看过螳螂吃东西，没想到看起来小巧柔弱的螳螂吃起猎物来是那么快速凶猛，另一只蚂蚱也被它快速吞下。吃完东西以后，这只广斧螳还用前臂抹了抹嘴，打扫一下粘在嘴上的蝴蝶绒毛，很人性化的动作。我后来查阅资料，才知道螳螂真正是"冷血杀手"，它们不仅捕食小昆虫、吃自己的同类，有些体形大的螳螂甚至可以捕食蜂鸟、小老鼠、小的蛇类，它们只吃自己捕获的猎物，对死去的东西不屑一顾。

2009年5月，我去大田自然保护区考察野生蟒蛇。那次专家和保护区工作人员共同捕捉了一条三米多长的蟒蛇，后来送到蟒蛇研究所饲养研究了。捕捉的时候，那条巨蟒拼命地挣扎，它张开大嘴去袭击捕捉它的人时，动作迅速凶猛，带动着附近的小草和树枝都不停地摇动。但是那次只是听说蟒蛇可以吞食保护区里的野猪、坡鹿、黄猄、野兔等各种大小动物，但是想在野外遇到蟒蛇捕食确实不易。为此，我和海南蟒蛇研究所的所长张立岭教授联系，约好一起到他们的养殖基地去看看人工饲养的蟒蛇怎么吞吃猎物。6月底，在张教授安排下，我们一起开车来到位于文昌市的蟒蛇研究所。当时养殖场正好有一批刚出壳不久的小蟒蛇，开始第一次喂它们食物吃。这些小蟒蛇长约一尺，和成人的食指差不多粗细，曲卷在一起。它们的第一餐是"每蛇一只"刚孵化不久的小鸡仔。当饲养员拿铁夹子夹着小鸡在蟒蛇匍匐的地方附近来回晃动时，这些看上去懒洋洋的小蟒蛇立刻来了精神，抬起头来回晃动，有胆大的，猛然出击，一下就咬住了小鸡。张教授告诉我，蟒蛇主要是靠它们位于上嘴唇处的热感应系统来确定猎物的方位、距离的，它可以敏锐地察觉出周围环境小于1摄氏度的温度变化，准确地捕食猎物，眼睛的作用不大。我看到它们并不是直接吞食，而是先用身体把小鸡缠住，越缠越紧，直到把小鸡的粪便都从屁股里挤压出来了，大概骨头也被挤断了，这才慢慢地调整方位，从鸡头部位开始吞食。小蟒蛇的上下颌骨吞咽食物时可以分离，嘴张得很大，所以它可以吞食比它的头大几倍的小鸡。我看了好几条小蟒的吞食过程，它们都是平生第一次吃东西，但动作基本一样，都是凭着本能先缠后吃，都是要把鸡头调整到先入口的位置才开始吞咽，这样才能顺着把小鸡吞下，不会被鸡翅膀和鸡脚卡住。我在心里为这些第一次吞食猎物的小蟒蛇们觉得吃惊，它们的本事真是与生俱来，它们的吞食过程是那么合理、有条不紊，没有一条蛇被卡住或者是吞不下去猎物。进化和遗传的基因把它们造就成了天生的杀手，只有这样它们才能在热带雨林这个战场中存活、繁衍种族。蟒蛇的繁殖也有自己的特色，张立岭教授告诉我，野生蟒蛇在野外根据环境、条件的不同，可以一次生20-50余枚蛋，一次大量繁殖，成活率可以达到80%以上。

在热带雨林中，防卫和掠食的斗争无处不在，时刻发生。植物是动物的粮食，它们不会跑不能躲，为了生存，植物也会进化出许多保护自己的方法，来防御动物的采食。比如我在大田保护区考察时看到的龙珠果，它的果实味道酸甜、多汁可口，是许多动物喜欢的美食。其果实在生长的过程中外壳就会长出一层长满了尖刺的防护网，以防范食草动物的采食。"酸木腊"果也有类似的防护功能，还有许多种植物都会进化出不同的方法来保护自己。

然而在复杂的热带雨林中，也并非所有植物都是动物的"口粮"，也有一些植物是靠捕捉和消化动物为生的。2011年3月，我到霸王岭保护区去拍摄新生的海南长臂猿，因为连续下雨，我没有能拍摄到长臂猿。在山上住了两天，天天在营地躲雨无法拍摄，聊天的时候我问巡护员，有没有见到过粘虫子的植物？周昭骊说，他在保护区叫"东一"的地方见到过一种会粘虫子的小草，不知叫什么名字。东一就在我们下山返回林业局的路上，下山返回的时候，小周带我在东一的一片草地上找到了这种食虫草，原来是锦地罗。锦地罗的叶片很小很肥厚，就像小个的葵花子一般，围着花蕊长成一圈，上边长满了细毛，分泌出透明的粘液。我透过相机的微距镜头观察，许多叶片上都有被黏住的蚂蚁、苍蝇、蚂蚱等等小虫子，有的刚被黏住，有的已经快要消化完了，还有的一株锦地罗上黏着3、4只小虫子，被慢慢消化着。

热带雨林是一个寂静的杀戮场。在热带雨林中，各种动植物之间

攻击时的蟒蛇

小蟒蛇把小鸡的粪便都挤压出来了然后吞食

食虫植物锦地罗捕捉到一只蚂蚁　霸王岭保护区

海南特有种新内溪蟹在猎食一条巨大的蚯蚓　霸王岭保护区

互相依存、利用，又互相竞争，为了自己的生存，也互相捕食残杀，形成一条完整的食物链。因为它们的关系是互相依存的链式关系，所以，自古以来，自然界中所有的物种，就算是超级强大的某一物种，它对环境的利用也是受控的——受控于自然环境的调节功能，生态才能保持平衡。

但是自从人类出现在地球上以后，情况发生了可怕的变化——自然生态平衡第一次受到了威胁。人类以自己强大的能力而独立于自然生态环境，只有人类能改变生态环境，而且正在改变之中，不幸的是过去和现在的许多改变对环境和生态、生物，包括人类自己在内而言都是消极的，但人类在贪婪心、占有欲的支配下，还在继续着这种对环境的消极改变，这最终将祸及人类自身。

# 坚强的小虫

　　昆虫是热带雨林中种类和数量最多的动物。昆虫有多少种呢？现在连科学家也还不知道昆虫究竟有多少种，总之种类数以百万计，特别庞大，比如仅仅甲虫的种类就有28万种之多，如果再加上蜘蛛、蜈蚣、蝎子等小虫，那数量更是多不胜数。值得我们人类玩味的是，小小昆虫看似愚笨、柔弱，却在亿万年的进化历程中经受了地球环境的巨变和各种动物的攻击捕食，繁衍到如今，那些恐龙、猛犸象、剑齿虎等等高大生猛的动物却纷纷灭绝了。就算是到了人类主宰陆地、天空和海洋的今天，蚊子、臭虫、苍蝇、蟑螂等众多小昆虫在人类发动的各种"化学战"中，照样不断发挥它们超强的适应性而继续繁衍着，人类在这场对付苍蝇蚊子等等"害虫"的战争中，虽然用尽了智慧和各种发明创造，但目前还看不到取胜的迹象。

　　许多昆虫等小虫子是和人类关系密切的一类动物。漫步在公园里，人们可以看到蜻蜓、蝴蝶在飞舞；晚上睡觉，可能会有蚊子来骚扰你；厨房里有一点剩饭，可能就会有蟑螂去偷吃；而在你家里不经常打扫的角落，已经有一只蜘蛛在那里结网生活了……当然了，热带雨林是昆虫更集中的地方，在那里可以遇到更多人们平时看不到的各种神奇的小虫虫。

　　2003年3月，我随海南省林业局组织的综合科考队走进海南岛中南

可爱的宽纹豆芫青　鹦哥岭保护区

蓝绿象　吊罗山保护区（1）
红色的象甲　黎母山保护区（2）
黑色的象甲和尼科巴弓背蚁　五指山保护区（3）

部鹦哥岭热带雨林进行考察。有一天晚上十点多,考察队里专门研究昆虫的黄国华博士,在营地附近的空地上挂起一块一米见方的白布,在上边点亮一盏汽灯,不到十分钟的时间,白布上就落满了各种各样的蛾子和飞虫,大的像手掌,小的人眼都看不清楚,密密麻麻,数量品种之多令人吃惊。黄博士说这叫"灯诱",是在野外夜晚观察研究昆虫的方法之一,利用昆虫们的趋光性,可以在短时间内引来大量昆虫。但是用这种方法,一定要在天亮之前关灯,以便这些被灯光吸引来的昆虫能有时间回到它们自己原来生活的地方去,否则它们不能适应白天的环境,多半都会死掉或者被捕食者吃掉。专家们其实也很少采用这种方法,因为这毕竟不符合昆虫们自己的生活方式,我记得在我们那次20余天的考察中,只有两天的晚上黄博士用这种方法吸引和观察昆虫,并且时间都不太长。

2006年5月在五指山自然保护区的一次资源调查中,我遇到了一些奇特漂亮的小昆虫,至今记忆尤深。我很珍惜每一次深入原野森林考察采访的机会,从不在帐篷里睡懒觉,而是喜欢天刚亮就起来到营地附近走走看看,经常有新的发现。一天早上,我在草叶上发现一个小小的金光闪闪的小虫子,大约只有绿豆大小,爬来爬去,我仔细观察,发现这只小昆虫样子有点像乌龟,金黄色的背甲上还有一层透明的膜,非常漂亮,我用微距镜头拍下了这只昆虫。晚上,一天的考察结束后,我把这只小虫的照片放进电脑,请同行的专家看。在电脑上放大图片以后,才清楚地看到这只小虫的背上有大片的金色,夹杂着一些黑色,不仅它的背甲上有透明的膜,头部还有另外一块透明的膜覆盖着。专家说这是一只龟甲虫,也叫金花虫,不算稀有,但是很难拍摄,太小了,拍到能看的这样清楚就算很好了。第二天一早我又去拍摄,这次不仅有这种金色的金花虫,还有另外几种大小不一颜色不同的其它龟甲虫,但是最大的一只也没有黄豆大。在我拍摄的时候,有一只龟甲虫忽然翘起背上透明的膜,展开里边的翅膀起飞了。经请教专家,我知道了它们分别叫金盾龟甲虫、二星龟甲虫和星斑梳龟

星斑梳龟甲（左）和金花虫　五指山保护区

甲虫。这些小虫虫很可爱，就像一滴滴透明的果冻粘在草叶上，居然还能飞行。还有一天我在考察途中遇到一只漂亮的虎甲，浑身闪着蓝黑色的金属光泽，背上有几个对称的白点，眼睛突出，样子很凶猛，跑得很快，我刚拍了几张照片它就跑得不见踪影了。虎甲也叫中华虎甲，属于鞘翅目虎甲科，中国有100余种，主要分布在热带和亚热带地区。它们可短暂飞行，奔跑极快，上颚发达锋利，是捕食小昆虫的利器。鞘翅目的昆虫背上有发育成甲壳的鞘，鞘在飞行时不起作用，但就像盔甲一样对昆虫起到保护的作用。

在2005年、2008年、2010年几次去鹦哥岭保护区考察的过程中，我也专门注意发现和拍摄了不少种类的昆虫。鹦哥岭自然保护区是海南陆地面积最大的保护区，也是热带雨林保存最完好的地区之一，这里的昆虫种类繁多、形状各异。2005年的那次考察，是继2003年3月对鹦哥岭首次综合考察活动的继续，也是一次综合考学考察，时间从5月21日一直持续到6月6日，先在乐东县万冲镇昌化江上游的雨林中设立一个营地，考察营地周围五个5平方公里的考察区，然后转移到白沙

结网的索德氏棘蛛　五指山保护区（1）
锹甲虫（2）和双叉犀金龟　五指山保护区（3）

鬼脸天蛾 鹦哥岭保护区（1）
裂斑鹰翅天蛾 五指山保护区（2）
大皇蛾（3）和大雁蛾，它们都是体形巨大的蛾类 鹦哥岭保护区（4）

县元门乡南渡江上游设立另一个营地，考察鹦哥岭主峰附近的森林生态。有一天，我在一块石头上发现一只小昆虫，长着红色小脑袋、黑色的身体上有五条白色的条纹，正在认真地梳理绒毛，样子可爱。一同考察的专家说，这种昆虫叫白条豆芫青。还有一次在一片草地上，我发现一只甲虫，纯咖啡色，个头很大，约有4－5厘米长，头上和背上分别长着两只鹿角状的犄角，雄壮美观。这种昆虫我认识，就是俗话说的独角仙，不好听的叫法是屎壳郎。它浑身上下都有一层硬硬的盔甲保护，连六条腿上也是一样，动作缓慢、稳健、威严，很有派头。还有一只和它相似的大甲虫，全身黑色，全身披甲，但是头上背上没有犄角，嘴上长着毛绒绒的红色胡须，嘴边的两只大钳子特别夸张，几乎达到它的身体三分之一的长度，是打斗的好工具，可能十分好斗。专家说，这种头上有犄角的独角仙学名叫双叉犀金龟，是鞘翅目大型昆虫，可长到50多毫米长。那种有大钳子的甲虫学名叫锹甲虫，又称为中华奥锹甲，鞘翅目大型昆虫。它也是甲虫中的大块头，体长可达40－50毫米。

在鹦哥岭主峰下的营地，我还幸运地拍摄到了几个不同的鬼脸天蛾。那天早上，我起床后在营地边的大树树干上发现了几只大蛾子，它们的身体是黑色和咖啡色的混合，爬在树干上隐蔽的很好，我看到它们的脑袋后边长着像扑克牌中"大鬼"图案一样的花纹，由白色和红色的绒毛组成，有鼻子有眼睛有胡须，还有一只长着和大猩猩一样的脸谱，惟妙惟肖，令人惊奇。我拿着数码相机立即请同行的专家看看这是什么蛾子，香港嘉道理的刘惠宁博士告诉我，这几种蛾子叫鬼脸天蛾，很难见到的品种，可能是昨天晚上被营地的灯光吸引过来就停在树干上了，"大猩猩脸谱"是它背部的绒毛脱落以后的样子。我真是为自己的好运气而高兴！在这里，我还拍摄到了色彩艳丽的大皇蛾，据说是世界上体形最大的蛾类，双翅展开可以达到25厘米以上；还有图案对称的罗纹天蛾、像枯树叶一样的白点黄窗尺蛾、优雅的大燕蛾、像飞机一样的裂斑鹰翅天蛾、身长有一厘米多的大蚊等等稀奇

一只蝉的蜕变　霸王岭保护区

古怪的很多小虫。还有一种水黾，也叫水蜘蛛、滑水虫，身体轻盈腿细长，腿、脚底有扇状的绒毛使它有浮力，不会压破水面的张力，所以不至于沉入水中，可以在水面自由滑行。

我一直想观察和拍摄到蝉的蜕变过程，有一次在霸王岭保护区我终于寻找到这个等待了很久的瞬间，一只蝉从土中爬出来蜕变。蝉属于同翅目，全世界共有3000余种，是我们司空见惯的一种昆虫。蝉的幼虫期约有4年左右时间在地下度过，有的会长达十几年，以吸食树根的汁液为生。我查阅资料后知道，蝉的幼虫都是后半夜到凌晨之间从土里钻出来后爬到就近的树枝、草叶上，在一个小时左右的时间里挣脱硬壳的束缚，并快速变成会飞的蝉飞走，所以看到它蜕变的机会不多。那天凌晨我打着手电筒在住地附近寻找，发现一只刚刚钻出泥土爬到树干下部、还没有破壳而出的幼蝉。我坐在旁边准备好相机，等着看它怎样蜕变。过了一会，幼蝉的背部裂开一个小缝隙，蝉的脑袋先从那里挤了出来，紧接着上半身也跟着挤出来，这时蝉的翅膀就像柔软的绸子布一样曲卷在一起，蝉的屁股还在壳里，它不动了，但

旱蚂蟥（1）
吸水的蝴蝶（2）
六斑曲缘蜻 五指山保护区（3）

交配的姬蜂　大田保护区　　　　　　　　聚集在一起的龟蝽若虫　大田保护区

是其翅膀就像变戏法一样快速地展开，等了几分钟它的翅膀基本上展开了，它又从壳里拉出屁股和后半截身体，就这样趴在那个空壳子上不动了。这时它的翅膀在体液和血液的作用下快速全部展开，变为一只我们常见的会飞的蝉的样子，这个过程总共只有半个小时左右。然后它又在树干上休息了一会，很快就爬到树的高处去了。我觉得它们的蜕变过程这么快，可能是因为这段时间是它们最危险和最脆弱的时候，对天敌的侵害毫无防御能力，又不能飞走和逃跑，所以越快结束越好。蜕变以后，蝉就可以在光明中度过它们生命中最后的一段时光，完成交配、产卵、繁殖后代的使命。

热带雨林生命力最顽强的小虫子可能就是旱蚂蟥。旱蚂蟥学名叫山蛭，每次进山考察想不遇到都不可能，都得被它咬。旱蚂蟥属于山蛭科，是栖息在水体之外的蚂蟥种。海南岛热带雨林中的旱蚂蟥共有四种，品种不多但密度很大，小的细若游丝，大的也就如火柴棍大小。它们平时隐藏在草丛中、树叶下，可以几个月甚至一年不吃东西，但是一旦遇到可以攻击、吸血的对象，它们便会爬出来粘附在人或动物的身上饱餐一顿。在热带雨林附近的村庄，经常可以看到很多黄牛的四只蹄子被旱蚂蟥咬得血流不止，它是人们在雨林中旅行时最难防范的"吸血鬼"。在热带雨林中考察，谁也逃脱不了被蚂蟥咬的命运，虽然每天出发之前我们都要穿上用厚布制作的长达膝盖的防蚂蟥袜子，还要在外边涂上一些防蚂蟥的药水或盐水，但是作用也不大。旱蚂蟥咬人时会从口器分泌出一种溶血酶，使人不觉得痛和痒，但这种溶血酶可以破坏血小板，被咬的伤口会长时间流血不止。旱蚂蟥虽然很讨厌，但是不得不承认，它们的生命力太顽强了，而且没有听说热带雨林中有什么动物以蚂蟥为食去吃它们。

热带雨林中的昆虫种类繁多数量庞大，它们在地球环境亿万年的变化中能够不断进化、适应变化的环境而流传至今，自有它们的道理。一般来说，昆虫们大都有外骨骼包裹着里边的肉体，起到了很好的保护作用，更结实；绝大多数昆虫都会飞，这增加了它们的生存几

盲蛛　黎母山保护区

率；同时，昆虫绝大多数都是小个子，在生活中占有不少优势，对环境的索取也少，吃的少，大动物看也看不见的一点点食物，就够一只昆虫大餐一顿了，很小的地方它们也可以藏身和生活。其实过去的昆虫也不都是小个子，比如在3亿多年前的石炭纪就有很多大型昆虫，根据发现的化石，有一种和蜻蜓一样的昆虫，翅展可达70多厘米。可以想象这么大的飞虫在森林中飞行多么不方便，所以大型的昆虫因为不能适应当时的生活环境的变化，基本都灭绝了。昆虫在生命过程中是全变态的，在生命的不同阶段有不同的形态，有卵，有幼虫，有蛹，还有成虫，不同的生命阶段吃不同的食物，住在不同的地方，因而扩展了生存空间。它们大部分时间以幼虫的形态存在，吃的少；成虫只能活很短的时间，冒险长出翅膀飞到外边，完成交配产卵繁殖后代的重任。许多昆虫的成虫没有嘴，只靠一个管子一样的口器吸食花蜜花粉等，比如蝴蝶和蛾类大多是这样，还有些昆虫成虫根本就没有口器，在短时间内靠消耗自身身体内存储的能量为生，完成交配繁殖后代以后，就死掉了。

蜻蜓（左）和螳螂的复眼

热带雨林中的昆虫千千万万，整天到晚忙忙碌碌，但繁衍后代是它们的头等大事。它们平时小心谨慎地隐藏自己，但在求偶、交配的时候就忘乎所以，常常忽视了隐藏自己，也就更容易被天敌捕食、被人们观察到。在雨林中考察，经常可以看到各种昆虫在互相追逐、求偶、交配，有时候还可以看到它们产卵的过程。有一次我在大田保护区看到一些姬蜂，围着一棵大树根部不走，有的趴在树干上产卵，有的在附近盘旋。姬蜂是一种寄生蜂，顶着长长的触角，拖着两条长长的后腿，飞行缓慢。它们会在树干的缝隙中寻找其它昆虫的卵，然后把自己的卵产在其中，姬蜂的卵孵化成幼虫后就以别的昆虫卵为食。还有一次我看到一群聚集在草叶上的龟蝽，刚刚出壳，很小很小。它们的母亲采用"概率"的理念来保护种群，把一片卵产在一起，一群龟蝽出壳后聚集在一起，就算遇到天敌的袭击，也总有部分会躲过一劫而存活下来。另外也经常可以看到蜻蜓、豆娘在水面上飞来飞去，用"蜻蜓点水"的方法把卵子产到水中。在五指山保护区，我曾看到一只蜘蛛，为了安全起见，这只蜘蛛把自己刚出生的一群孩子背在背

坚强的小虫 215

蟹型疣突蛛腿上的刺和毛是重要的感觉器官　五指山保护区

大皇蛾的触须　鹦哥岭保护区

上，走到哪带到哪，以防幼蛛遭天敌伤害，大概要等孩子们长大可以独立生活了才会离开母体。

各种形状、色彩不同的花朵很好看，但并不是为了愉悦我们的视觉。花朵的形状、色彩和味道（香味、怪味有的甚至是恶臭味）更主要是为了吸引蝴蝶、蜜蜂、其它昆虫和鸟类等动物来觅食，同时给它授粉以便繁衍后代，所以它们争奇斗艳是竭尽全力的，否则失去了吸引力，也就意味着断种绝后。

鸟儿们放声歌唱，也并非如诗人经常描写的那样是在赞美春天，而是在交配季节里显示它们的好斗性和占有欲，并吸引异性前来交配。

我们人类主要是靠眼睛来获取外界的信息，那么，昆虫怎么来感知外边的世界呢？

仔细观察所遇到的各种昆虫，我发现它们最大的特点是几乎都长着一双大大的眼睛，有许多昆虫的大眼睛和它们的脑袋不成比例。比如蜻蜓的复眼就很大，占到多半个脑袋，由上下两部分构成，上半看远处下半看近处。由于它要捕食昆虫，故对移动物体敏感。昆虫们的眼睛都是由众多的单眼组成的复眼，有些直接就可以看出复眼，有些拍摄出照片后放大了也看的很清楚，其复眼往往由十几个、几十个至几十万个不等的单眼组成，但是它们却大多是"近视眼"，一双大眼睛徒有其表，只对近处移动的东西较敏感，看不到稍远的东西，看到的物体可能也是模模糊糊不清晰。

如果我们仔细观察昆虫，或者拍成照片以后放大来看，就会发现所有的昆虫身上都长着很多的细刺、绒毛和触角等等。因为它们的身体多为骨骼包裹而感觉迟钝，眼睛视力又不太好，所以它们这些独特的触角和毛、刺等东西就是它们最主要的感觉器官。它们腿上、身体上的毛和刺，通过外骨骼与里边的皮肤和神经联系，可以敏锐地感知外部的气流、温度、湿度、震动、气味、声波等变化，弥补视力不足的缺陷，是获得外部信息的重要器官。比如你想打蚊子或苍蝇的时候，经常会拍打不到，因为它们身上的绒毛对气流非常敏感，在感知到你的手或器物引起的气流扰动时，它们就提前逃跑了。而触角和毛刺是大多数昆虫最主要的感觉器官。昆虫的感觉器官很灵敏，比如蜜蜂可以感知0.25摄氏度的温度变化，有些昆虫能检测到空气中浓度极低的气态分子，在十几里以外就知道哪里有异性活动，以便于寻找远处的异性求偶交配。昆虫没有耳朵，它们的听觉器官长在触角、关节、或者皮肤等千奇百怪的地方，为昆虫提供灵敏听觉。我在鹦哥岭看到的大皇蛾，就长着一对很大的触须，就像四把梳子背靠背长在一起，每一个"梳子"的齿上又长着细细的绒毛。我在五指山拍摄到的那种蟹型疣突蛛，每一条腿上都长满了细长的刺和绒毛，我还在五指山拍摄到一种蝨斯，它是黑色、绿色、咖啡色等颜色组成的，生活在长着苔藓的岩石里，它的两只眼睛就像两个大水泡一样突兀地长在头上，像金鱼眼，可能是为了看到四面八方的情况吧。总之，昆虫们感觉外界信息的器官是千奇百怪，远远超出了我的想象。我们人类看着它们好像很笨，其实远非如此，它们各自都有一套独特的感观系统，照样可以"眼观六路、耳听八方"。大概我们最能理解的是螳螂的感觉了。2010年6月我到鹦哥岭去考察，有一天在拍摄一只弧纹螳猎食的过程，这时旁边有人大声说话，那只正在吃猎物的弧纹螳立刻停止进食，还扭头向转来说话声的方向张望，样子机警，和人很相似。

热带雨林中的昆虫种类繁多、数量庞大，是一个非凡的生物群体。

W.J霍兰博士在他的名著《蛾谱》中冷酷地预测：昆虫将比人类留传得更长久。他写道："当中午的太阳黯淡无光，当所有的城市早已化为灰烬，一块光秃秃的岩石上长了一点青苔，一个小小的昆虫停在那里，用脚爪梳理它的触角。它代表的是我们这个行星上硕果仅存的最后一个动物——历尽沧桑一小虫。"

螽斯的大眼睛 五指山保护区

伞菌 吊罗山保护区

# 奇妙的生物链

据我所见所知,热带雨林中的每一个空间都被各种植物和动物、昆虫所占据,几乎没有什么生物不被其它生物所利用,这里的生态系统达到了完美的循环和动态的平衡。

热带雨林中动植物种类虽然很丰富,但是生物种群的密集度却很低,每一种的数量并不是很多。在雨林中行走,很少能够看到几棵同样的大树长在一起的丛生现象。由于植物种类的分散生长,以某一种类植物为食的昆虫、动物们也必须分散栖息,才能找到足够的食物。除了像蝙蝠、蚂蚁、蜂类等少数群居性动物和交配期间的动物之外,在雨林的同一个地方,人们很难发现两只相同的昆虫。那些仅仅在雨林中作短暂停留的游人们要看到各种动物几乎是不可能的,即使是数量很大的昆虫,由于它们的保护色、拟态等伪装术,多数人也仍然看不出来。

万物生长靠太阳。热带雨林的生态系统是从太阳开始的,因为有了太阳的能量而存在——绿色植物通过光合作用合成碳水化合物,存储在树叶和茎杆等处,完成了初级生产,从而开始了一条食物链:昆虫、吃树叶和嫩枝的动物吃了这些绿色植物变为肉,蛇、蜥蜴、各种小鸟等又捕食昆虫,而这些动物又是大型食肉动物的食物,最后,这些不同的食肉动物也会死亡,死后它们的遗体腐烂并被蚂蚁等各种小

枯萎的芭蕉叶子从树上落下　五指山保护区

动物和细菌、真菌等分解，释放出养料，又被植物吸收，生长出更多的树木青草，供养更多的昆虫和动物，如此循环，往复不息。

在雨林中旅行，由于大树的遮挡，穿行在林中是很难见到阳光的。连续几天的林中生活以后，我们特别希望遇到林中空地，可以晒一晒太阳。而生长在雨林下部的植物，却常年难得见到阳光，所以蕨类植物、各种藤蔓、附生和寄生植物等都努力向高处生长和攀爬，去争取宝贵的阳光，经常可以看到它们顺着大树攀援到高处，好让自己的叶子能够享受到阳光的照射。

树叶是个了不起的"加工厂"，它从空气中吸收二氧化碳，从土壤中得到水，从太阳中得到能量来进行光合作用，把二氧化碳转化为糖和淀粉、纤维素等碳水化合物，以生物量的形式固定贮存下来，使树木生长。得不到阳光的照射，它们如何能够进行光合作用呢？雨林中的阴生植物和附生在林下岩石上、朽木上的鸟巢蕨，以及其它没有攀援能力的植物，只能屈居林下，靠很少的阳光在雨林的底部维持生命。

种类和数量庞大的昆虫生活在热带雨林的各个空间里，在生存和死亡间游走，帮助雨林保持着平衡。它们大多数是依赖植物、以植

快要腐烂的蝉蜕　黎母山保护区　　为适应雨林中多雨的气候，许多植物都生长着便于排水的滴水叶尖　五指山保护区

物为食的种类，吸食植物的汁液，咬树木的叶子和嫩芽，在树木中、树根中和树叶上产卵，加速树木的死亡和腐朽，同时也制造出新的植物和其它动物的食物。雨林中没有一种植物不受到一种或数种毛虫的侵害，夏天吃树叶或吸食树汁的毛虫，对植物是一种侵害，但等到毛虫化蛹成蝶，变成蝴蝶、蛾子后，又会回过头来给受过毛虫之害的树木传播花粉、帮助植物繁殖，它们就这样互相依赖。所以昆虫的不断活动对雨林的健康成长很重要。而那些小型的食肉动物比如青蛙、蜥蜴、鸟类、蛇类等等，又以各种昆虫为食，控制着昆虫的数量，使某一种昆虫不至于大量繁殖而对它所采食的植物造成灾害。还有许多杂食性动物，比如像野猪等，它们既吃植物的根茎、果实，也吃一些所能遇到的蚯蚓、昆虫等小动物，在雨林中生活得悠然自在。

　　在生物链的最顶端，则是那些大型的肉食性动物。在海南岛的热带雨林考察中，专家们每次都特别注意寻找大型肉食性动物的痕迹。因为这些动物感觉敏锐，警惕性高，行动迅速机警，感觉到人类的气息就早早地逃跑了，在实地考察中基本上没有在野外观察到活体的可能性，像海南岛热带雨林中的云豹、黑熊等动物，只能通过在考察中

采食树叶的毛虫　鹦哥岭保护区

一只蚂蚁在采食石仙桃兰花的花蜜　佳西保护区

雨林中的竹叶青蛇　鹦哥岭保护区

观察、寻找它们留下的挂爪印、粪便等遗留物来判断哪片雨林中还有存在。在二十余年的热带雨林考察采访中,专家们和我一样,一次也没有亲眼看到过大型肉食性动物的身影,十分遗憾。但是观察到的痕迹和遗留物证明,黑熊、云豹这些动物在海南岛确实还存活,但是数量很少。唯一幸运的是,2008年在大田保护区野外观察到一次蟒蛇,也属于大型食肉蛇了,黄猄、坡鹿、野猪它都可吞食。

由于阳光、大量的雨水以及众多菌类的共同作用,雨林中的生物循环十分的高效迅速。枯死的树木枝叶、动物的排泄物和尸体等,由昆虫、细菌和真菌等迅速破坏并分解为氮、磷、钙、钾等营养物质,很快被植物吸收。一片树叶落下后只要几个星期就能分解消失。假如一只动物在雨林中死去腐烂了,它的肉被其它动物吃掉,它的骨骼中的磷酸钙被雨水溶解,并由细菌、真菌等分解成钙和磷,植物吸收了磷,动物又吃了植物,由植物中的磷来生成骨骼组织。在这个过程中,真菌起着决定性的作用。它们是一些不起眼的小生物,真菌平时都是以菌丝的形态存在于土壤中,不断地分枝、生长,数量非常巨大。它们不含叶绿素,自身不会光合作用,不能制造养分,必须从别

正在腐烂中的大树　霸王岭保护区

的动植物中得到养分。有些寄生真菌取食的方式是繁殖在死的动、植物上，还有些先寄生在活的动、植物上，吃空寄主的身体来繁殖自己。大量的则是在土壤中，分解它们所遇到的细菌所不能分解的所有东西，包括细菌所不能分解的木材中的木素。真菌们把动、植物分解为简单的化学物质比如氨基酸等，部分用于自身生长，大量的则释放在土壤中供其它绿色植物利用，生长出更加繁茂的大树和小草，来供养昆虫和其它动物，完成生态循环。热带雨林的高生产力、高生物量籍此得以维持。

雨林中没有垃圾，也许有个别动物的尸体或倒下的树木，但那也是刚刚死去或正在分解中的。只有人类活动留下的弃物，许多年还遗留在雨林的土地上。热带雨林精巧严密的结构和对自然资源的高效充分、可持续地利用，是自以为是的人类至今也无法企及的，我们人类还有许多许多知识需要向大自然学习，而不应该总是想着如何以自己的设想、观点为目标去改造自然。

食草昆虫纺织娘　鹦哥岭保护区

真菌在螽斯身体上繁衍最后把螽斯的身体吃空了　五指山保护区

山坡上的高峰村和村边的稻田　摄于2005年5月

高峰村的茅草屋和村边的火烧地　摄于2005年5月

## 高峰和道银

高峰和道银，是海南省白沙黎族自治县南开乡的两个黎族山村。我在海南二十多年的记者生涯中，去过的黎族、苗族、回族、汉族村庄数以百计，有的贫穷，有的富裕，有的在山区，有的在平原，但是留下印象最为深刻的就是高峰和道银。这两个黎族小村庄，同属一个乡，同处海南省南渡江的源头地区，为热带雨林所环抱，都比邻鹦哥岭自然保护区，这里的黎族村民们和森林的关系最为密切，他们和当地自然环境的关系，具有海南岛原住民族和本地生态环境如何相处的典型性。

我第一次来到高峰村是在2005年5月，当时，我随鹦哥岭保护区资源环境综合科考队的专家们在鹦哥岭考察，转移考察营地的时候来到这里。那时候，村里到乡政府之间刚刚由种植桉树的"福莱思特"公司和县政府共同出资，修筑了一条用于种植桉树作业的"公路"，路建成还不到一个月，路面凸凹不平、泥泞满地，连越野车也极难通行，我们是坐着四轮拖拉机进村的。快到村子时，从高处的公路上往下看，高峰村是个不大的山村，一片茅草房星散地分布在半山坡上。山坡下的河谷小块平地上种植着水稻，村子附近的平缓山坡上裸露着一片片黑色的"刀耕火种"遗留下来的火烧地，和临近的原始雨林形成鲜明的反差。靠近村庄，野地里的垃圾渐渐多了起来，猪、狗、鸡

高峰村的妇女和孩子
摄于2005年5月

等家禽家畜随意在散步觅食，给人的感觉是脏乱差。村民们看到一下子来了这么多外乡人，带着些稀奇古怪的用品（我们的科学考察用具和照相机等等），也觉得挺兴奋的，纷纷跑过来看热闹，问这问那与我们聊天。从破旧的茅草屋、村民们的穿着打扮上可以看出来，这里的村民很贫困，许多5、6岁的男孩女孩都是光着屁股跑过来看我们，有些老年妇女还有纹面和纹身。

趁着考察队员们休息喝水吃干粮的时间，我走进一间茅草屋和主人聊天。这户人家的男主人叫符文京，26岁，有一儿一女，一家四口和父母及弟弟同住。他们家有一间大的茅草屋，这种茅屋是用竹子或细小的树棍编织成片，再用泥巴糊在上边做墙，用茅草做屋顶，有的留有很小的窗户，有的没有窗户，所以白天里边也很暗。屋里又分成了三间，里边一间养着鸡鸭等家禽，中间一间住人，最外边一间是做饭的地方，在屋角用几块石头支着锅就是做饭的厨房，同时也住人。

高峰村符文京和妻子在自家的茅屋前
摄于2005年5月

高峰村符海英和她的孩子在家门口
摄于2005年5月

　　符文京告诉我，他的家庭有1.3亩地，种水稻，还有200余棵橡胶树，但是还没有开始割胶。如果风调雨顺的话，种的水稻基本够吃了，家里也没有什么经营项目，没有现金收入来源，就等着橡胶长大割胶卖钱呢。我看到他的茅屋里有一台落满了灰尘的21寸的电视机，是这个家里唯一的"奢侈品"，问他是什么时候买的？符文京说是当年结婚时，在白沙县城工作的亲戚送的礼物，因为村里还没有通电，也没有电视信号，一直都没用过。我问他现在还种山兰稻不种了？他笑答说现在不种；我问他现在山上好不好打猎了？他也是笑答说现在不打了。

　　我从符家出来，来到张丽花的家。张丽花当年44岁，她家也是住的茅草屋，在墙角用几块石头支着锅，靠墙的木头架子上放着几个不锈钢的碗，两张自制的竹板床上也只铺着竹席子，有一张床上挂着蚊帐，她的家可以用"赤贫"来形容。张丽花说，她家只有6分水田，她和老公有三个男孩，大的19岁小的7岁，粮食有时候不够吃，虽然种了200棵橡胶树但是也还没有开始割胶，去年没有现金收入，很贫困。我又到村民符海英家看看，她的家也是住着茅草屋，一家四口有6分地，去年打了600余斤稻谷，大米不够吃的，经常靠木薯过日子。

　　时间过得真快，考察队在这里休息吃干粮以后还要继续赶往另一

高峰和道银 | 231

高峰村张丽花在自己的家里
摄于2005年5月

高峰村的老年纹身妇女
摄于2005年5月

个考察地点，我看到这些情况心情不好，也没心思再去别的村民家里看个究竟了，就直接找到了高峰村的村长符国华来了解些情况。他告诉我：这个村子有98户共620多人，是一个比较大的山村。全村水田旱田一共有93亩，在气候最好的年份，一亩水田也只能收获四百到五百斤稻谷，打的粮食每年都不够吃的，只好再种些木薯等杂粮来补充。全村的人现在都种植了橡胶树，平均每户约有200株。但是这些橡胶树都是才种下三年，还要等4至5年才能割胶。现在的现金收入很少，主要是靠卖猪得一点钱，去年（即2004年）人均收入大约是100元，是本村历史上现金收入最多的一年了，全村只有三间瓦房，确实是贫困的山村。再问符村长别的事情，比如现在还有没有烧山种山兰稻的？有没有进山狩猎的？符村长一概说没有或者说没听懂。他们也知道那些事是政府禁止搞的，不是光彩的事，村民们也都明白这些道理——在我拍摄他们村边山坡上的火烧地时，旁边的村民就出来制止不让我拍照。

村民们生活在这样一个偏僻的山村里，没有多少经济来源，他们

陈辈乐博士给高峰小学同学上环保课　摄于2008年5月

香港嘉道理中国保育专家罗益奎给高峰小学的学生讲解鱼类知识　摄于2008年5月

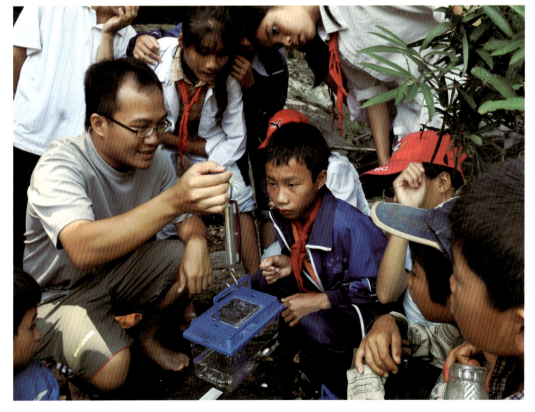

道银村（1）　摄于2008年5月
鹦哥岭保护区周亚东局长在道银村慰问五保户（2）　摄于2008女5月
道银村村民茅草屋里边（3）　2010年3月

种橡胶、种木薯的坡地，有些是以前遗留的种山兰稻的荒地，也有许多是近期砍山烧山开垦出来的。以每亩地种植33棵橡胶树的标准来计算，高峰村仅种植橡胶的面积就有590多亩，还有多少种木薯的地呢？这些地都是历年开垦雨林发展出来的。

高峰村的黎族村民祖祖辈辈就生活在这里，靠山吃山，过着很贫困的生活；但是这里的生态环境又需要得到严格的保护，不能再这样逐步地开垦下去了。人和自然的相处，哪里是一个平衡点呢？这真是一个难以两全的问题。政府也曾经做过很大的努力，力图解决好这个问题。我后来在白沙县林业局了解到，早在1974年，当时的广东省政府有关部门就在这里组织过一次生态移民，在交通方便的本县的荣邦乡选择了新的村址，把全村都整体搬迁了出去。可是村民们觉得在那里天气太热，也没有山，生活不习惯，就又逐步自己返回了高峰原住地，继续着他们的传统生活，持续到现在。他们以后如何发展经济劳动致富呢？种水稻勉强可以养家糊口，橡胶是一个主要的经济来源，已经种植的橡胶树渐渐长大，按照海南天然橡胶目前的价格，每株开割的橡胶一天大约可以收入七毛钱左右，就价格趋势来看，以后可能还会攀升，每户200株橡胶，每年可以割胶8个月左右，一年也有一笔不小的收入。在保护好当地自然生态环境的前提下，其他更好的经济发展方式似乎还没有找到。我后来又陆续到高峰村去过两次，除了道路条件有所改善、电已通到村里以外，最大的变化是村里的瓦房多了起来，这是因为村民们种植的橡胶有些已经开始割胶，现金收入增加了，再加上政府的补助，可以盖新房子了，环境卫生则没有什么好转。

道银村所在的地方比高峰村更加偏僻，在南渡江源头南开河河边。村里至今也没有通公路。2008年我第一次去道银村的时候，是和鹦哥岭保护区社区工作组的社区工作人员和香港嘉道理农场暨植物园的菲律宾农业专家乐小山同行。沿着南开河的河床往上游走，一会过河，一会翻山，用了4个多小时才走到道银村。后来又陆续去了十几次道银，这是我去过次数最多的一个偏僻黎族山村了。

为了探讨摸索热带雨林地林区少数民族农民发展生产和保护区保护热带雨林环境两全其美的路子，鹦哥岭保护区把道银村作为一个试点村，倾注了大量的心血和时间。保护区管理站站长周亚东联系了香港嘉道理农场暨植物园的农村社区工作专家，数十次往返于道银和白沙县城之间，请专家到道银村考察，为村民们设计适合于当地自然环境的可持续发展模式，反复讲解村民和当地热带雨林的相依互存关系，讲解爱护雨林、保护资源的重要性以及雨林在他们的生活生产中的重要意义，引进良种，外来专家和保护区的刘磊、王云鹏、王和升等年轻大学生手把手地教村民们种植牧草、经济作物、用科学的方法种植水稻，教他们改造猪圈，建设环保厕所、修建生态住宅等等。

那天我们沿着河床行走，等到钻出一片树林，道银村霍然出现在我的眼前，我还觉得很吃惊：怎么没有一般黎村附近遍布的垃圾呢？也没有鸡、猪和牛乱跑。道银村的村民们也是住着茅草屋，但是村子里非常干净，几乎可以用"一尘不染"来形容。当然他们的村庄也是黄土路，黄土的庭院，但是打扫的干干净净，每家每户的门前都放着一个塑料或竹子编织的垃圾桶。破旧但整洁的茅草屋在椰子树、木棉树和开满红色花朵的三角梅环绕下，清新怡人。我被这宁静美丽的小山村深深吸引，拿着相机村里村外地拍摄，直到晚上吃饭。当天的晚饭我和周亚东等人一起在村长符金海家的院子里吃，菜有河里的螺蛳、各种青菜和一只他们家养的鸡，喝了许多地瓜酒。饭后我们坐在院里聊天。我急着问金海，你们村什么时候开始这么干净的？是不是保护区的人来教你们这样做的呢？金海说，我1996年开始当村长，那时候村里就是这么干净，我们有这个传统。为了改善卫生条件、解决垃圾和污水等污染问题，鹦哥岭请来的外国专家乐小山他们在村里示范推广"环保旱厕"和"软床养猪法"。用当地的原材料建设粪、尿分别收集处理的"环保旱厕"，粪便用草木灰覆盖干燥，无异味、无蛆虫，还是很好的农家有机肥，尿液则收集后用来浇菜浇地，是很好的氮肥。这种厕所不用水冲，而且粪尿全部回田进入自然界的再循

道银村的生态养猪
摄于2012年3月

环。"软床养猪法"则是在猪圈里铺垫上一层厚厚的稻草、甘蔗叶等植物,猪的排泄物在这些铺垫物上经过微生物的发酵分解,四、五个月更换一次,变为很好的有机肥料,猪圈也没有任何冲洗猪粪尿的污水排出,无任何异味,清洁无污染。而村民们日常洗澡、洗衣服、刷碗等少量的生活污水则完全可以被植被、土壤自然净化,对我们的环境卫生也有很大的帮助。我说:在村边看到你们种的橡胶也不少,使用什么地种的啊?你们现在还砍山烧山种山兰稻吗?金海说,2006年之前还种过山兰稻,那以后真的不敢再搞了,保护区的人管得紧,我们自己也觉得不能再搞那种生产了。现在的橡胶大多都是用以前种山兰遗留的地种的,我们这个村和附近的力土村一共有600亩,但是大多数还都没有开割呢。我说,那你们以前种山兰还是挺厉害的啊。金海只是笑着说现在不搞了。

金海向我介绍:道银村一共只有11户人家,53口人,全部是黎

鹦哥岭保护区在道银村举办可持续农业生产培训班结业仪式
摄于2008年5月

族。村里有12亩水田，一年可以种两季水稻，还有15亩地因为水源不足，每年可以种一季水稻，这些稻田每亩一季可以产米300余斤，产量确实不高，所以以前也种了不少山兰稻，毁坏了一些森林。因为橡胶大多数还没有开割，经济收入不多。村民们也在雨林中采集红藤和白藤出售，一根长3.6米的红藤可以卖一元钱，白藤一斤卖2元，而且都要走5公里多的山路，挑到可以通汽车的高峰村去卖。为了解决交通问题，全村的村民从2001年底开始向外边修路，大家义务劳动，用了5年多的时间，用锄头挖出一条约8公里的路来，天晴的时候可以走摩托车，颇有一点愚公移山的精神。村子在1999年底用上了自来水，是由白沙县水利局的技术人员义务设计并赠送了一批水管子，村民们在技术人员的指挥下建了一座水塔，引来山泉水通过水塔和管道送到各家各户。全村共有茅草屋21间，每户2间屋子。道银村也可以称得上是一个贫困山村。

从2004年鹦哥岭自然保护区建立以来，就一直把保护区周边社区管理和共建当成一件重要的工作来做，帮助周边社区发展经济，从

鹦哥岭保护区科技人员王云鹏（中）指导道银村农民王友莲（右）制定生产计划
摄于2008年5月

农业专家在道银村给村民上农业技术课
摄于2008年5月

单纯的资源管理者、执法者，向同时又是合作者的角色转变。对此，鹦哥岭自然保护区管理站站长周亚东进行了深刻的思考，付出了很多行动。我和周亚东是认识十多年的朋友，他在霸王岭工作的时候我们就一同寻找过海南长臂猿，2001年我在霸王岭保护区考察被大雨困在山里的时候，是他带着队伍去观测站营救我们。周亚东认为：因为地处偏远、交通不畅、观念保守、文化程度不高等原因，"贫困"是海南各自然保护区周边社区经济的典型特征，是自然保护事业的最大威胁。这种贫困和"靠山吃山"的资源依赖型的生产生活方式经历了漫长的历史时期而形成，因此要正确把握脱贫致富与森林保护之间的关系，避免急功近利的以资源消耗为代价的发展模式。生存是人的第一需求，当人的生存受到威胁时所产生的破坏力是无法阻止的，这正是在生物多样性保护工作中强调周边社区的参与、合作，对社区发展提供帮助的主要原因。不考虑社区发展的保护工作是孤立的和没有生命力的，我们要帮助周边社区制定和运行一套科学的、可操作的、可持续发展的资源管理计划，提高当地社区的资源利用率，促使当地村民参与到资源保护中来，并从中认识到、感受到和享受到人们因保护大自然而给自己带来的好处。只有这样他们才能主动去保护大自然。正是基于这些理念，鹦哥岭自然保护区联合香港嘉道理农场暨植物园，在道银村和其他村庄展开发展可持续农业示范活动，内容包括社区宣教、生态课堂、设立禁渔区、稻鸭共育、地膜覆盖种稻、建环保厕

菲律宾农业专家乐小山（中）指导道银村农民种植果树　摄于2008年5月

道银村同一块地采用不同种植方法水稻长势的比较　摄于2010年3月

所、生态猪圈、林下间种、森林果园、推广种植优良牧草等。

为了实现这些目标，鹦哥岭保护区和香港嘉道理农场暨植物园的中外专家在这些活动的过程中认真仔细的程度，让我深受感动。2010年3月，我和保护区专家以及香港、菲律宾专家又一次一起来到道银村。菲律宾农业专家乐小山，从2006年开始，已经20多次来道银村了。到了村里，不少村民和孩子见到他都高兴地叫他"小山、小山"，乐小山也学会了不少中国话，可以和他们打招呼，还学会了用筷子、喝村民们自己酿造的地瓜酒，可以说是和村民"打成一片"了。这让我想起了毛泽东同志在《纪念白求恩》这篇文章中提到的"国际主义精神"。他这次来村里是检查过去指导农民种植的牧草的生长状况，这种牧草的品种从国外引进，名字叫"柱花草"，牧草的蛋白质含量高达20%，可以喂猪、喂鸡鸭鹅和养牛，许多村民已经开始用它喂猪喂鸡了。乐小山带着翻译和几位村民，在牧草地里讲解、指导、示范如何种植和管理牧草，忙得满头大汗。下午，乐小山又带着村民来到河对岸的一片荒山坡上，在这里进行热带水果人工群落的种植示范，从不同种类水果苗的搭配到株距、行距、挖坑的深度等等，乐小山一一示范操作，让大家看得明明白白。以后这里将成为模仿自然森林生长的热带水果人工群落。晚上大家都分散住在村民家的茅草屋里，有些没地方住的人就在村里搭帐篷。第二天，乐小山又给村民们讲了一堂农业技术课，然后又是带他们示范。同来的香港嘉道理农场暨植物园的鱼类专家陈辈乐则忙着给村民们介绍当地野生鱼类的保护知识。道银村村边的河流就是海南最大的河流南渡江的源头南开河，鱼类资源比较丰富，海南已知的106种野生淡水鱼中，在这里就发现了48种。保护区和道银村共同在这里建立的禁渔区，禁止毒鱼、电鱼、炸鱼等毁灭鱼类资源的行为，只在部分河段可以钓鱼。陈辈乐和其他几位香港专家穿上带来的潜水衣，用水下相机在河里拍摄不同鱼类的照片，然后给村民们看，给他们讲解这里都有哪些鱼种，为何要保护这些鱼。其他保护区工作人员也分别辅导村民各种农业技术知识，并把带来的优良苗木分发给大家。一个星期的时间很快就过去了，村民们依依送别翻山涉水远道而来的专家们。后来的几年中，我又和这些专家、保护区的大学生们一起来道银村好几次，目睹他们不断进行这些细致的工作，有时候传授村民们稻田养鸭子的技术，有时候教他们地膜覆盖种植技术，有时候指导他们利用当地原材料修建生态房屋，修建环保厕所……这些在发达地区农村早已普遍运用多年的基本农业生产技术，落实在道银村，都起到了实实在在的增产增收结果，使村民们的生活得到了改善。2010年1月，南方电网公司筹资140万元，为道银村建设了600瓦光伏户用发电系统，解决了全村人照明和看电视的用电问题，使道银村民的生活质量大为提高，我去的时候住在护林员符国华家里，他家的电灯整晚不熄灯。

2010年9月，道银村的社区活动中心落成开张，他们邀请我一起去看看。这次去的时间因为雨水多，我们在途中反复过了10次同一条河，有的地方河水很深一直淹到屁股上，我和同行的香港嘉道理刘惠宁、陈辈乐、乐小山，还有吴红云、刘佳宁两位女士以及鹦哥岭保护区的刘磊、李飞、李仕宁等，共用了6个多小时才走到村里。这个活动中心也是由保护区和香港嘉道理的专家指导村民们用当地原材料建筑的，三合土的墙，茅草屋顶，要比村民自己家盖的茅草屋结实和实用很多。一间35平方米的大会议室，一个35平方米的茅草屋顶的凉棚，还有一座河上的小桥，总共只用了3万5千元钱。村民们像过节一样高兴，燃放鞭炮，全村人聚集在这里听专家们讲了一堂如何开展生态旅游的启蒙课。晚上杀鸡宰鸭，全村人一起举行了一场大聚会，喝酒欢闹到深夜。这次我住在村长符金海家里，想请他给我说说这几年来保护区和香港、国外的专家反复来道银做社区工作、提供先进的农业生产方式，到底对他们的生产生活产生了什么影响？金海说，这方面的影响还是不小的，也确实让他们的生产能力得到了一定提高。比如种植水稻，现在的方法是"稻鸭共育"，就是在水稻插秧以后，等秧苗扎根成活了，把一群小鸭子放到田里，按每亩地10—12只鸭子的数量

道银村王桂群在准备牧草喂猪
摄于2008年5月

放养，鸭子在稻田里吃螺蛳、害虫、杂草等，它们在稻田里游泳和行走又增加了土壤的含氧量，同时鸭粪可以肥田，使水稻产量增加。这样，一季水稻生长4个多月，水稻成熟了，鸭子也长到3斤多了，而且稻田也不用喷洒除草剂了，化肥用量也减少了，一举几得。再比如在比较干旱的田里用地膜覆盖的方法种植作物，还是过去那么多的水，但是作物生长明显要好得多了。再比如种植橡胶，现在橡胶价格高，农民都想多种，但保护区的管理人员严禁砍林开垦种橡胶，而是教我们加强管理，合理割胶，提高生产效率。还有种植"柱花草"牧草，让村民们养猪、养鸡、养鸭都节省了粮食。还有保护区指导建设的环保猪圈，在地下收集猪粪便发酵做肥料，村子里更加干净了，现在只有到了要配种的时候才把配种的公猪和母猪放出来交配，平时都是圈养。金海说，等等这些方法都有不错的效果。我问金海，你自己家的情况怎么样？金海说：我家5口人，大儿子在海口学汽车修理，二儿子和小女儿在白沙县城上中学，家里的两亩水田都用"稻鸭共育"的方法种植，猪圈、厕所都是环保型的，过去种植的橡胶已经有500棵开始

陈辈乐博士（右）在道银村给村民讲解鱼类保护知识
摄于2008年5月

割胶了，今年橡胶价格高，从开割到8月已经卖了1万6千多块钱了。我又来到王桂琼家，她的老公符国清是保护区的护林员，每个月1200元工资，4个孩子两个在村里务农，一个在海口打工，一个在白沙县城上学。她感觉最大的变化就是用"稻鸭共育"方法种水稻以后产量提高了，除草剂不用了，种子也比过去用的少，投入劳力也少了，还增产；再卖点橡胶，家里的日子还算好。从和村民的聊天中，以及他们的精神面貌看，他们对现在保护区在这里推广的环保措施和农业生产技术是满意的。

在道银村证明有效的作法，保护区在周边农村也一直在推广，并取得了明显效果。我这几年来跟随鹦哥岭保护区的工作人员和他们请来的中外专家，一起到保护区附近的多个县、多个村庄进行过各种环保宣教和农业技术推广示范活动。鹦哥岭保护区管理站周亚东站长告诉我，这个保护区地跨海南岛中部山区的白沙、琼中、五指山、乐东、昌江五个市县，保护区面积500平方公里，和19个黎族和苗族村庄接壤，周边人口达18000多人。这里是海南最偏僻和贫困落后的地区，"靠山吃山"的思想在当地群众中根深蒂固，毁林开荒、打猎、乱采林产品等等行为是对保护对象的最大威胁。如果光靠巡逻、抓人，保护区的人力物力都无法满足对500平方公里保护区域进行保护的要求。所以社区工作成为我们保护工作的主要内容。通过这些年的努力，保护区范围内毁林案件次数和毁林面积均呈下降趋势：2007年发生毁林案件6次毁林19.6亩，2008年发生5次毁林18.3亩，2009年发生3次毁林15亩，数据说明这项工作是有成效的。

　　这次在道银期间，我发现有些村民的茅草屋的屋顶换成了铁皮屋顶，有些正在更换。他们说，铁皮屋顶的房子其实没有茅草屋顶的住着凉快，但是耐用一些，因为茅草屋顶用几年就要更换一次，不然就会漏雨。现在用来盖屋顶的铁皮是政府免费发放的，只要自己到有公路的什富村扛回来就行了，村民们换屋顶的积极性还是挺高的。正好我2010年去了一次云南的怒江、西藏东南部的林芝地区一些少数民族聚居区，发现过去的许多茅草屋都换成了铁皮屋顶，连颜色都和海南所用的那种蓝色铁皮一样。有些人觉得这样的作法会使当地的民居失去少数民族的地方和民族特色。但是，不管什么地方，随着社会的发展进步，生产生活的方方面面都会发生一些变化，这也是不以人的意志为转移的事情。

　　2012年3月上旬木棉花盛开的时节，我又一次来到了道银村。

　　村子里的泥土小路依然干干净净，村里村外的地上除了落叶落花以外，看不到任何塑料袋、饮料瓶等等生活垃圾和污水，也没有到处乱跑的猪和牛；木棉树和三角梅正绽放着鲜红的花朵，花丛中不时传出阵阵悦耳的鸟鸣声；村边的南开河中，许多一尺多长的红面军鱼和其它当地野生鱼类在清澈河的水中时隐时现，真是一种在野外自然河

道银村边树林里的尖喙蛇（1）
道银村边河道里生活的霸王岭睑虎，是海南特有种（2）
道银村村边生长的球兰（3）

流中久违了的景象,令人赏心悦目。

　　经过中外专家们长期的社区宣传和推广、示范,这些科学实用、简单易行的生产生活方式已经在道银村家家户户全面施行,使他们的生产能力和生活质量得到了显著的提高。而在以往刀耕火种遗留下的荒山坡上,11户村民家种植的橡胶树,经过七、八年的养护,部分橡胶树已经进入了割胶期,为村民们带来了十分可观的现金收入。金海说,他一家2011年卖橡胶的收入有6万多元,我估计远不止这个数,因为现在海南橡胶干胶每吨收购价是24000多元,最高的时候30000多元一吨。符国升家的两个孩子都在白沙县城的思源学校上学,每年的住宿和生活费要10000元,他也是靠卖橡胶的收入来支付。

　　进出道银交通不便,一直是困扰村民们的一个大问题。村民的孩子要到山外上学,村里生产的橡胶也要运到外边去销售,没有公路都十分不便。现在除了走河道进出村,还有一条约8公里长的山脊小路,是雨季河流涨水时村民外出的通道。村长符金海告诉我,现在每年大量的橡胶需要运到山外销售,我们自己用锄头把这条人行小路加宽了一点,没有砍一棵树,现在可以勉强通行摩托车,这样可以一点点把橡胶运出去。到底要不要把它拓宽成一条可以走拖拉机的公路?我们村有钱、有人力,不用政府投资,修路没问题。但这里是保护区,修路必然要砍伐一些树,保护区也不同意修,我们还在纠结中。

　　现在,道银人对当地的自然环境爱护有加,热带雨林也把自己丰富的生物多样性展现在道银人的面前:我在道银村民家住着,足不出户,就可以看到大树上趴着会飞的蜥蜴斑飞蜥,河边的岩石缝隙中,隐藏着珍贵的海南特有蜥蜴霸王岭睑虎,美丽的绿色树栖尖喙蛇也会不时地出没在村边的树林中,球兰、大尖囊兰等形状各异的野生兰花点缀在道银村的周边,色彩斑斓的蝴蝶在树林花丛中飞舞……陈辈乐告诉我,据鹦哥岭保护区和香港嘉道理中国保育的专家们实地考察观测,这里已经记录到野生兰花40余种、鸟类104种、蝴蝶107种、两栖爬行动物40余种,以及40多种海南野生淡水鱼等。当然,道银村的生

道银村符国华(右)给代表介绍本村禁渔区的情况
摄于2012年3月

物多样性远不止这些，还有许多精彩等待着人们去发现。

我这次来道银村，就是参加由鹦哥岭自然保护区和香港嘉道理中国保育共同在道银村举办的"禁渔区推广研讨会"。附近五指山市、白沙县、琼中县的乡镇代表和海南霸王岭保护区、东寨港保护区、佳西保护区等自然保护区的环保工作者共60多人前来参观道银村的禁渔区和参加研讨会。

2008年1月，鹦哥岭保护区和道银村在流经自己村边的南渡江源流南开河上建立了一个禁渔区，取得了很好的保护效果。现在，这个禁渔区的河段中经常可以看到一尺多长的红面军鱼和野生鱼种在清澈的河水中缓缓漫游，这在几年前是很难看到的情景。到目前为止，海南省已经在两条最大河流南渡江、昌化江的源头和上游地区的毛湘河、牙开河、南美河、仁什河等河段建立了十余个禁渔区，禁渔河段达数十公里。

经过新华社等新闻媒体的报道，道银村的故事渐渐被外界所知晓。去年已经有两批香港游客专门来到海南，徒步走进道银村去体验村民的生活，观察当地雨林中的各种生物景观。他们住在村民的茅草屋里，吃村民自产的稻米、鸭肉和采集的螺蛳、野菜，拍摄当地热带雨林中的各种奇异动植物，为村民们带来了六千多元的生态旅游收入。也许这些钱还不到村民卖一次橡胶的所得，但这是对他们所追求的人与自然和谐相处、共同发展的生活方式的一种肯定。

文昌外海的七州列岛　摄于2002年7月

西沙永兴岛鸟瞰　摄于2010年8月

# 南海诸岛考察记

海南岛除了本岛以外，周围海域包括南海在内，还分布着数以百计的大小岛屿、礁盘和沙洲。为了摸清这些小岛的资源底细，从1989年底开始，海南省组织海洋、气象、植物、海洋生物、地质地理等各行业的专家，历时8年，对海南岛周围海岛和西沙群岛海域海岛进行了大规模的海岛资源综合调查，内容包括气象、海洋水文、海水化学、海洋生物（含浮游动物、底栖生物、潮间带生物和游泳生物）、地质地貌、土壤、植被与林业、环境质量和土地利用、社会经济等方方面面，是一次对南海诸岛的全面资源详查。那时我刚刚来海南工作不久，也很希望借着这次调查的机会，全面了解海南的岛屿情况。经与国家海洋局南海分局党委书记兼海南省海洋厅（现在叫海洋与渔业厅）厅长陆夫才和省海岛资源综合调查领导小组的领导熊仕林等人研究，他们同意我尽量多地参加这次考察的活动。他们两位都是我的好朋友，他们的支持给我提供了全面了解海南海域和岛屿的最好机会，我也可以对考察工作进行及时充分的报道，真是两全其美。

1991年5月海岛综合科考队远赴西沙群岛考察，我又一次和他们同行。

此次西沙群岛的科考是一次大型、多学科的远洋考察，我们的工作母船是国家海洋局的"向阳红14号"科考船，排水量4000多吨，

我们的工作母船"向阳红14号"
摄于1991年6月

是科考队流动的家,另外还有当地驻军的两条交通艇和一艘渔船作为工作船,作为登岛作业时的交通工具。在5月28日的行前动员会上,来自海南二十多个科研单位和大专院校11个专业学科的59名参加考察的科学工作者聚集一堂,陆夫才局长和熊仕林做了热情洋溢的动员,宣布我们这次要对西沙海域宣德和永乐两群岛的32个有人和无人的岛、礁、沙洲进行上岸考察,还要进行大量的海域水面、水下、水底考察,历时二十天,航程达到3000多公里,每天都要换乘小艇登岛上礁,工作量非常大,肯定也非常辛苦,至少酷热对大家就是一个很大的考验,但是我们的工作是光荣的,我们的考察是史无前例的。陆夫才是海军部队出身的"老海洋",讲话不用讲稿,很有鼓动力,说得大伙情绪激昂热血沸腾。29日中午,考察队全体人员在马村港登上"向阳红14号"考察船,由熊仕林带队,向西沙海域进发。

我此前也去过两次西沙群岛,但都是只到了西南中沙行政首府永兴岛。有时是乘坐部队的运输舰,有时是乘坐西沙工委的船,一般是拥挤在底舱,闷热摇晃条件很差,常常是船上的海军战士和船员都晕

永兴岛中国南海诸岛工程纪念碑
摄于1991年5月

钟义教授在西沙永兴岛工作
摄于1991年5月

得呕吐不止,但我有一点很自豪,就是再大的风浪也不晕船。这次的"向阳红14号"可不一般,排水量4000吨,是个大家伙,很稳当。上船以后先是分派住房,我的舱房在甲板一层,属于"海景房",到我的房间一看,条件可和客轮上的二等舱相比,两张上下铺位的床,住4个人,还有一张小桌子供我们工作用,最好的是舱顶有个洞口呼呼的吹冷气——要知道那时候海南岛的基础设施条件还很差,我们新华社海南分社的办公室和宿舍都还没有空调设备,海南夏季又长、温度湿度都高,令人十分不爽。这次在船上住上了空调房,这二十天有个如此豪华的"家",再苦再累都不怕了。

船行一夜,5月30号早晨,"向阳红14号"到达了永兴岛外海。按照事前的分工,有考察任务的小组纷纷开始准备换乘小艇上岛。

这一天,我决定跟随植物组的专家们看看永兴岛上的植被状况。刚一下船,滚滚的热浪扑面而来,有气象组的队员用温度计一量,整整41摄氏度!没办法啊,各考察组很快分散开来投入了自己的工作中。在植物组的专家中有一位老教授名叫钟义,当时已经68岁了,

南海诸岛考察记 | 253

1946年中华民国海军收复西沙群岛纪念碑
摄于1989年1月

是整个海岛综合资源调查队中年龄最大的一位专家，也是海南岛植物界的权威。他有一手辨认植物的"绝活"：走在野外，随便看到的一种花草树木，钟老都能说出它们的名字，要找一株他不认识的植物却很难，如果发现他不认识的植物，那十有八九可能就是新种，被队员们称为植物活字典。就是这样一位大专家，对我这个毛头小伙子提出的一些植物学上的最初级的问题却不厌其烦地认真解答，有些古怪的植物名字我不会写，钟老就一笔一划地帮我写在笔记本上，令我十分感动！其实，在我此前和此后多年多次跟随各种科考队在海南岛的进行考察的过程中，接触到许多像钟老一样的著名科学家，不仅知识渊博，治学严谨，而且和蔼可亲，诲人不倦，他们的音容笑貌至今还时常在我的眼前浮现……

永兴岛是西沙群岛中面积最大的岛屿，约2.1平方公里，上边有驻军，也有政府工作人员和居民，还有个小小的邮电所，我专门带了明信片在这里盖邮戳以为纪念，这就是祖国最南端的邮电局了（后来我又去了南沙群岛，那里没有邮电所了，只有一种"南沙工作纪念"的印章，长方形，可以盖在信封或笔记本上，我们去的许多人还在衣服上也盖了不少）。岛上有飞机场，当时跑道长2.4公里，可以起降中小型飞机，也有大大的一个码头，驻泊有小型军舰，也可供渔船补充油、水和躲避台风。

我们这个小组沿着海边，边走边看边记录，认真地考察各种植物。钟义指着一些十多米高有三四十厘米粗的大树说，这是南海诸岛最常见的特有植物白避霜花，属于热带雨林植物，是海岛最主要的抗风植物，在海南岛是没有这种树的，这种树的树叶还可以喂猪，我们做一个样方吧。他们用皮尺丈量出一定面积的树林，开始清查和记录样方里边的植物种类和数量等，并采集需要的植物做标本，然后继续考察。当天，钟老和植物组的同事们又做了一个羊角树样方和一个杂树林的样方，我们在永兴岛上共记录了海岸桐、草海桐、厚藤、海刀豆等几十种野生植物和椰子树、木瓜树等多种人工种植植物。

酷热的天气让大家汗流浃背，口渴难忍，我们每人背的一个军用水壶的水根本不够喝，但是永兴岛上的淡水很缺乏。岛上有一点淡水水源，有几口淡水水井，但水的味道却有些咸，还有许多大大的蓄水池用来存贮雨水，野外找不到饮用水，要想洗澡凉快凉快也难办，只好任汗水横流。这天，我们还看到了1946年中华民国政府海军从日本侵略者手中收回西沙群岛时所立的"海军收复西沙群岛纪念碑"，那时的永兴岛就是这样简陋。以后我又去过永兴岛几次，现在的永兴岛已经很现代化了，"北京路"两边的城市设施如银行、邮局、电信、商店、餐饮、医院等等一应俱全，楼房也建了不少，还有一个由部队官兵们建设的海洋博物馆，里边有数以千计的各种海洋动植物、鸟类等标本。当然了，西沙群岛是南海国防的核心区域，部队的雷达、防空和海防装备、战车等在永兴岛也有不少。

和永兴岛同属一个礁盘的还有石岛。石岛在永兴岛的东北边约2公里处，涨潮时用小船、退潮时可以徒步上岛。岛上的树木不多，但是有些峻峭的礁石海岸很漂亮，听调查队地质组的专家说，西沙群岛的所有岛屿礁盘除了石岛上有少量的熔岩地貌以外，其余都是生物碎屑形成的岩石，也是，西沙群岛的岛屿、礁盘和沙洲都是在珊瑚礁盘的基础上形成的，沙滩也都属于生物碎屑沙滩，极少有矿物岩石和沙滩。石岛上的礁岩海岸高度可能有十几米，是西沙群岛海拔最高的地方了。现在，永兴岛和石岛之间已经有道路相连。

这一天我们在永兴岛一直工作到下午6点30分，才乘小船返回"向阳红14号"，中午各人就吃点自己带的大馒头和咸菜。所有的人回到船上的第一件事都是跑回自己的舱房吹空调降温，先美美地凉快一下，白天的高温缺水几乎要让人中暑了，然后大家才陆续出来洗澡。"向阳红14号"条件虽好，但是也不可能有那么多淡水供应洗澡，我们每人只能在细细的水流下简单擦洗一下满身的臭汗，顶多2分钟时间就洗完了。吃完晚饭，我爬上考察船的最高层甲板，吹着海风，点上一支烟，看着脚下的海水从绿到蓝，看着远处的云彩变换着各种形状

西沙群岛东岛的白避霜花树林　摄于1991年5月

西沙的碧海蓝天白云　摄于1991年5月

向阳红14号考察船放小艇登岛考察 摄于1991年5月

和颜色，看着天边的红日慢慢融入大海，心情十分畅快，为我能有这样的好机会来到美丽的西沙群岛做深入的考察调研而庆幸和自豪。

接下来的考察，每天从考察船到小艇，从小艇再登岛登礁，有时候小艇也不能登岛，还要在中途再换乘一次小舢板。我选择跟随不同的专业小组去不同的小岛和礁盘沙洲，体验着不同的工作乐趣、学习不同的知识。其中每天在大船和登陆小艇之间的几次过驳我至今印象深刻。

我们的流动之家"向阳红14号"每天在各个不同的考察区域间移动，因为吨位大吃水深，它不能靠近所需要考察的礁盘、沙洲和小岛，每次都要通过小艇过驳，这是一个十分危险的过程。因为大海上即使没有风浪的好天气，海水的涌浪也有1到2米高，这时候小艇随着涌浪不停地忽上忽下，要接近大船的舷梯很不容易，时常发生碰撞，上小艇的人必须在小艇和大船的舷梯基本靠近和平齐的时候果断地跳上去。有时候如果登岛的人少，我们也用大船的救生艇：要登岛考察的人员先坐到救生艇上，然后用绞车连人带艇往海里放，想放到涌浪起伏的海面上也不容易。如果涌浪太高就难以过驳了。我在西沙练就的这一手本事，一年后在去南沙的时候又派上了用场。

6月1号和2号，我跟海洋游泳生物组和环境组的专家们上东岛考察。东岛在永兴岛正东边大约四五十公里的地方，资料上说面积大概1.5平方公里，因为这里的岛礁在海水涨潮和退潮的时候露出水面的面积是不同的，所以难以确定其准确的面积。我们登上东岛，首先感觉是这里的原生树林茂密高大，主要的树林由白避霜花、海草桐、羊角树等等组成，植被非常好，环境组的队员告诉我，这个岛的植被覆盖率达到80%以上，是西沙群岛植被覆盖率最高的一个岛屿。我和土壤专家梁继兴、张少若夫妇一起，采访和拍摄他们的工作。梁教授62岁、张教授55岁，都是考察队年纪较大的专家，在闷热的树林中采集各种土壤的标本。他们采集土壤标本，并不是在地上随便抓点土就行了，一般是先在地面挖出一个深1.2米的大坑，做出土壤的垂直剖面，

张少若（左）和梁继兴（中）教授等人在西沙东岛采集土壤样本
摄于1991年6月

然后在不同的深度上采集样品，包装记录，第一天他们就挖了4个这样的土壤采样剖面，工作十分辛苦。然后我又找到在海边工作的张本教授和周大仁工程师等游泳生物和潮间带生物组的专家，了解他们在浅海和潮间带调查水生生物的情况。他们说半天多的考察已经采集了50多种观赏热带鱼的标本，收获很大，有一艘在当地捕鱼的渔民的船舱中还有几条绿色的大鱼，长着钩状的嘴，牙齿锋利坚硬，个头有一尺多长，专家说这是鹦嘴鱼，还有许多稍微小些的蝴蝶鱼等等，我拍摄了不少好看的鱼类照片。

快到傍晚的时候，我跑到树林外边找到一个稍高一点的地方，准备好摄影器材，准备拍摄海鸟归巢。考察前我查阅了资料，知道东岛是著名的鸟岛，因为树林茂密，人为影响小，栖息在这里的鲣鸟等鸟类数以万计。鸟儿们白天在海上捕食，晚上就回到岛上的树林中过夜，天快黑的时候大量的海鸟就陆续飞回来了。西沙群岛有鸟类40多种，以白腹鲣鸟为多，这种鸟的个头很大，据说体重有3斤左右，也不太怕人，它们归林前在树林上空不停地盘旋和大声叫喊，飞翔速度也

西沙东岛的幼鸟
摄于1991年6月

爬上西沙中建岛准备产卵的绿海龟
摄于1991年6月

不快,偶尔还有鸟粪落下来掉在我们身上,拍摄比较容易,还有些不知名的小个头海鸟就比较难拍了。根据考察组的专家估算,当时栖息在东岛的各种鸟类共有7万余只。

这天返回到大船也是快7点了。随便洗一洗,我们就都到餐厅去吃饭。船上的伙食,刚开始的几天还有些蔬菜,往后就越来越少。每天晚餐基本上都是吃面圪塔,用榨菜、鸡蛋和肉罐头做成汤,然后在汤里煮面圪塔,可能是考虑到大家每天登岛流汗多,汤很咸,十几天吃下来,每个人都是印象深刻,见到就怕了。其实船员的工作也同样辛苦,没事的时候我专门跑到我们考察船的轮机舱去看过,一进到舱里就感到热浪扑面,比我们在岛上野外考察还热,据说温度有50多摄氏度,巨型柴油机发出很大的噪音,油烟味道也大,工作环境很艰苦。

有一天,我跟着海洋生物组的专家们去中建岛。这一组的组长是海岛综合资源考察大队大队长刘胜利,海洋生物学家,登中建岛主要是了解海龟产卵繁殖的情况。中建岛在高潮位时面积有1平方公里,低潮时有1.7平方公里,沙洲的面积很大,稀稀拉拉地长着一些银毛树,正是海龟产卵的好地方。刘教授告诉我:西沙群岛的海龟主要有绿海龟、玳瑁和蠵龟等几种,玳瑁个头较小,其它的可以长到一米多长、一两百公斤重,绿海龟和蠵龟一般人从外貌上较难分辨。每年的4至6月份正是海龟到西沙群岛产卵的季节,西沙群岛的金银岛、珊瑚岛、中建岛、晋卿岛等小岛上的沙滩、沙洲是它们产卵的主要地点,它们

西沙东岛的鸟群  摄于1991年6月

西沙科考队员在中建岛抓获的大海龟
摄于1991年6月

一般是夜间爬到沙滩上挖坑下蛋，海龟蛋的样子、大小都和乒乓球一样，每只母海龟一般一次可以下蛋80到120枚，数量似乎很大，但是以后能够成活长大的海龟并不多。我们沿着岛边的沙滩边走边看，刘队长说已经经过批准了，要求我们寻找一只"体大并漂亮"的海龟，抓了带回海口去制作标本用。我们在沙滩的远处发现一只海龟在爬，大伙一起跑过去一看，这还真是一只体大并漂亮的大海龟。海龟在海水中机敏灵活，在沙滩上的时候动作却很笨拙，爬的也很慢，追上海龟以后，4、5个队员用力把海龟翻过身来，它肚皮朝天四脚乱蹬，但是一点也动不了，只是使劲地伸长脖子用脑袋顶着沙地想翻身逃跑。我们测量了它的体长，龟甲将近1米2，非常重。队员们事先已经做好了一个布的担架，把海龟推上担架由4个队员抬着走，不过这个海龟太大太重了，沙滩又很软不好走，我们不停地换人抬，费了几个小时才把它弄上小艇。到大船边以后，直接用绞车连小救生艇一起升上甲板，人力实在抬不动。给它过了一下磅，重达240余公斤，符合刘队长的要求。听说抓到一只特大的海龟，许多船员和其他专业组的人都跑到甲

南海诸岛考察记

周大仁在西沙甘泉岛水下采集生物标本
摄于1991年6月

板来参观，说没见过这么大的海龟。这一天，我拍了很多抓海龟的有趣照片。在岛的一侧，我们还发现一副鲸鱼的骨架，散落在浅水中，大约有6米多长，队员们捞出一些骨头时，散发出难闻的臭味，我们都不想拿，但是刘队长坚决要求必须带走，说这是可遇不可求的东西，回去做标本非常好。大伙只好拿了这些鱼骨头放在小艇上，忍着臭味带回大船。后来，刘队长又派人专门去取回了全部鲸鱼骨头带回了海口，终于做成了一个鲸鱼骨架的标本。

海岛调查最难耐的是酷热和口渴。我们去时正是夏季，气温常常在40摄氏度以上，地面的沙滩岩石温度更高，在上边走都烫脚，每人每天带的一个军用水壶的水根本不够喝，岛上也没有淡水可以补充。有几次我印象非常深，在中建岛、金银岛和东岛考察时，岛上的驻军官兵专门煮了绿豆汤给我们考察队的人喝，被大家一抢而空。

因为我每天只能跟着一个考察小组去一个岛礁或沙洲，没有条件转移考察地点，所以每天考察结束后回到船上，我一定要抽时间到各个不同的专业组去看看，问问他们各自的考察情况。有一天我来到了

调查队员涉浅滩登岛考察
摄于1991年8月

底栖生物组专家在向阳红14号考察船上整理海底生物标本
摄于1991年6月

潮间带组的404舱房，周大仁工程师对我说，这几天考察看到岛礁附近的珊瑚礁破坏太厉害了，还有渔民在岛上抓海龟、拣鸟蛋，都对环境造成很大破坏，你明天跟我们去看看，要想办法制止啊！第二天，6月9号，我和周工他们一起上岛。

这天他们去的是甘泉岛，这是一个无人的荒岛，因为所在的礁盘太大，小艇的船底在离岛还有100多米远的地方就开始"砰砰砰"碰到珊瑚礁石，不敢再往前开了，大家只好下船渡海，这里的水深还有近2米深，我游泳技术很差，穿上一件救生衣还勉强可以扑腾过去，但是相机、干粮和淡水壶等东西只好请别的队员帮忙顶在头上拿过去，到甘泉岛开始潮间带的考察。所谓潮间带，就是位于大潮的高、低潮位之间，随潮汐涨落而被淹没和露出的海岸地带。这次的潮间带调查，除了潮间带以外，还有离岛岸10米水深以内的海域范围。队员们分散开沿着海岸开始统计生物的种类和数量、采集标本，我和周大仁一起到水中去看珊瑚礁的破坏。这次出发考察之前，我专门从新华社总社摄影部借来一台水下用的傻瓜相机，现在派上用处了。我们戴上潜水镜和呼吸管，在岸边2、3米水深的范围内观察和拍摄水下的各种鱼类和其它生物，还有珊瑚礁。正像周工所说，近岸的珊瑚礁破坏很厉害，基本上看不到完整生长的珊瑚，到处都是珊瑚碎块、残骸，一片狼藉，实在叫人心疼。虽然有周大仁的保护，我也还是不能

西沙海域藏在海葵中的小丑鱼
摄于1991年6月

再到水深一些的地方去观察和拍摄，稍微往深水处游一点，人就沉不下去，没法拍摄，留下不少遗憾，而他们却不用潜水装具就可以下潜10余米深。后来我又在永兴岛、中建岛等几个岛礁实地在浅水区考察和拍摄，情况基本和甘泉岛一样。我们在不同的岛礁沙洲考察时，经常能听到"咚咚咚"的爆炸声，这都是有人在炸珊瑚礁。周大仁告诉我：珊瑚是海洋中的一种低等腔肠动物，它们对生活的水域环境有较高的要求，水温不能太高和太低，30摄氏度左右最好，深度不能深过60米。它们以海水中的微生物为食而生长繁殖，并从体内分泌出一种石灰质的东西形成外骨骼，慢慢就长成了珊瑚礁。珊瑚的生长速度很慢，被破坏以后恢复得更慢。

一直在水中忙活到中午，我们才上岸去找别的队员一起喝水吃干粮。在岛上的小树林子里，有5个海南琼海县的渔民，住在简陋的小窝棚里，也正在吃午饭。没有什么菜，就一盘炒蛋，他们说这里的鸟非常多，也傻，每天下午3、4点就来下蛋，我们4、5点去拣鸟蛋，一次可以拣几百个，吃也吃不完。在他们的小窝棚旁边还有个深深的大

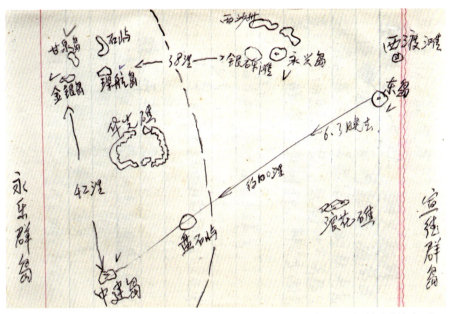

我绘制的西沙群岛考察线路示意图

坑，里边关着2只大海龟，我拍了几张被关海龟的照片。考察队的王致平副大队长问他们海龟是哪来的，渔民说，就在沙滩上抓的，经常有海龟到沙滩上来下蛋，每次下一百多个，母的上岸下蛋好抓，公的在海边游泳等着不好抓，一个月可以抓到15至20只，一个抓海龟的季节每人可以挣1万多块钱。当时，他们这样大胆地抓海龟、偷海龟蛋和鸟蛋好像都是理所当然的一样，考察队员也无权处理他们。周大仁后来告诉我，被抓的绝大多数都是雌海龟，还有大量海龟蛋被挖出来吃了，对海龟资源破坏极大，你回去一定要帮我们呼吁这个环境保护的问题。我对他说你放心，我决心办到这件事。看完了渔民我们开始吃干粮。这个小岛就长着几丛低矮的羊角树丛，我们藏在小树丛斑驳的阴影下躲太阳，这一天奇热无比，我喝了多半壶水，吃了不到一个馒头就吃不下了，然后就开始抽烟，不一会觉得身上又干又痒，皮肤上竟然结晶出一层细细白白的盐了，没办法，只好又下到海里去在浅水里拍水下照片。在赵述岛，我们也遇到了琼海县的5、6个渔民专门住在岛上抓海龟，也是挖了一个大坑，里边关着被抓的海龟。

琛航岛上的西沙烈士纪念碑　摄于1991年5月

西沙考察植物组专家在东岛进行样方调查　摄于1991年5月

6月12日，我们来到琛航岛考察。这个岛较大，东西长约有1公里，岛上正在建设大型码头，还有驻守海岛部队的战车在训练，热火朝天的气氛显示着这里是西沙群岛的国防重地。

二十天中，我不可能上遍我们此次考察中要去的西沙群岛的32个岛礁，所以此后的几天，我每天晚上到各个不同的考察组的舱房去找他们了解他们所看到的抓海龟、拣鸟蛋和海龟蛋、炸珊瑚等等渔民破坏当地自然资源的情况，真是令人震惊！

海洋学家张本告诉我：我们遇到的琼海XXXX号渔船上的渔民说，每年4-8月是抓海龟的季节，很多人来到西沙，在金银岛、中建岛、甘泉岛等岛屿上住下，专门抓海龟，每个季节大约要抓二千余只海龟，有时候运气好一天可以抓10余只。张教授说，这个时间正是海龟游到这里产卵繁殖后代的时候，这些渔民不仅抓海龟，还大量在沙滩上挖海龟蛋，对海龟资源的破坏程度可想而知！这些海龟大多有100公斤以上，他们以每只500-600元的价格就卖掉了，真是令人痛心啊！他们不仅在岸上抓，还在海里浅水处设网抓，网长50米、高7-9米、网目75厘米，好多张网连在一起布置到海里，抓那些在水中游泳或想上岸产卵的海龟，真是天罗地网！这种行为再不加以制止、再不加强对海龟资源的保护，西沙群岛海龟产卵地将亡矣！

钟义教授告诉我：在有些岛上，发现海岸桐被人砍了当劈柴烧火。这里的环境下要长出一些大点的树是很难的，比如东岛上的那些十多米高的树，都要100余年的时间才能长到那么大，对保护海岛和抗风都很重要，砍来烧掉太可惜了。

周大仁工程师说：我1976年来过西沙群岛考察，那时候基本每个岛礁沙洲都有海龟产卵，现在只有少数几个了。即使有海龟历尽千难万险地上了岛，生了蛋，也被渔民抓走和挖出来吃了，谁想怎么抓就怎么抓。我去晋卿岛时看到珊瑚礁被炸十分严重，在高潮线时水深2米多的地方，礁盘上布满了直径3米左右的炸坑，附近两只3米长的小船坐着两个渔民，没有任何渔具，只有炸药炸鱼。1976年我们在这一带

永兴岛北京路旧貌　摄于1991年5月

这是东岛尚未离巢的白鲣鸟幼鸟(右侧)和亲鸟　摄于1991年6月

考察50多天，当时的岛屿沙洲等，水下礁盘都很完整，贝类、螺类等都很多。现在环境退化很多了。

游泳生物组王弗良工程师说：我们发现在当地打鱼的琼海县渔船每条船上都带着炸药用于炸鱼和炸珊瑚礁，我们租用的那条船带的炸药有几百斤。炸鱼对鱼类资源破坏极大，一炮炸开，大鱼小鱼都死光了……

这些参加考察的专家学者，一辈子研究生物、植被、海洋，对他们的研究对象都很热爱，甚至是痴迷。好不容易有机会来到西沙群岛考察一次，却看到那种无政府状态的对当地资源的任意破坏和掠夺，这叫他们非常气愤和伤心，但又无力去制止这种行为，只有把他们的所见所闻争相告诉我，希望我能向上级机关反映这里的乱相，加强对这里自然环境和资源的保护。我的笔记本记了一页又一页，加上我自己20天的见闻，回到海口以后我写出了数据翔实的内参材料报送有关部门，引起了高层的重视，海军领导机关派出专人到西沙群岛对我所反映的情况进行调查研究，随后采取了相关措施，对西沙群岛的资源和环境保护起到了极大的促进作用。这是我此行所作的最有意义的一件事。

紧张有趣的西沙群岛综合科考很快就要结束了。20天中，我跟随不同的考察小组登上了永兴岛、中建岛、赵述岛、琛航岛、甘泉岛、金银岛、筐仔岛、华光礁、珊瑚岛等十七个岛礁和沙洲，充分领略了西沙宝岛的魅力。科考队则登陆了计划中的全部32个岛屿礁盘和沙洲进行实地调查，取得了大量的科考数据和标本样本等实物，比如查明西沙群岛及近海共有软体动物287种如马蹄螺、虎斑贝、砗磲；藻类30种；棘皮动物46种有各种海参海胆海星等；腔肠动物43种如珊瑚等；甲壳动物7种如龙虾螃蟹等；环节动物2种；鱼类250中；共有野生植物184种、人工种植植物112种；全部岛礁沙洲除石岛有部分熔岩地貌外，其余全部是生物碎屑堆积成的岛礁，等等。为西沙群岛建立了从海洋水文、地质地貌到植被分布、海洋生物种类数量等全面的科学数

西沙群岛浅水珊瑚中的蝴蝶鱼
摄于1991年5月

西沙永兴岛海洋博物馆的海鸟标本
摄于2001年7月

据库。

6月16日下午1点20分,"向阳红14号"从锚地起航,因为一个台风已经离西沙海域很近了。临走的时候,最后一只登岛返回的小艇刚刚被绞车吊离海面,还没有放到大船上,"向阳红14号"就加足马力向北开去。考察的队员们这时在船上才真正轻松了下来。我们面面相觑,个个都被太阳晒的和黑人差不多了。

海南岛海域的大规模海岛资源综合调查除了西沙群岛以外,还有海南岛本岛附近岛屿的综合调查,都取得了很大的收获,比如查清了全部海域的软体动物、甲壳动物、环节动物、棘皮动物和鱼类、藻类等共340种;查清了沿海浅水热带观赏鱼有100种以上,采集到的珍贵标本就有50多种,品种数量均为全国之最等。因为考察时间跨度太长、调查的岛屿达180多个,我还有其它工作要干,没能每次都和考察队一起出海,但是不多的几次沿岸离岛的考察也给我留下了深刻的印象。

大洲岛位于万宁市的外海,由两座山头组成,面积达4.4平方公里,最高海拔289米,两座岛屿之间相隔约一公里,中间由一道沙梁连接着。岛上的植物有木麻黄、李榄、龙血树、海草桐、合欢树、藤类和蕨类植物等,多为灌丛为主,大树不多。岛屿四周是峻峭的岩石海岸和部分沙滩海岸,贝、螺类生物栖息期间。

这个岛最大的特色,是在岛上岩洞和岩石缝隙中栖息着一种珍贵的金丝燕。它们筑巢于二三十米高处的岩洞中或峭壁上,每年的3、4月份金丝燕用唾液筑巢,这巢就是名贵的燕窝。因为它们的巢太珍

文昌七州列岛的鸟群
摄于2002年7月

贵、太多人去采集，使金丝燕的繁殖受到很大影响，资源遭到很大破坏。它们的巢虽然都筑在人们很难到达的地方，但是还是不能逃脱被盗的命运。这里金丝燕的数量已经不多了。后来，我2006年和海南省野生动植物自然保护管理局的专家在一个山区考察时，又发现两群金丝燕，每群各有近三十只，算是两个较大的种群。同行的专家千叮咛万嘱咐，叫我写报道的时候万万不要提到这两群金丝燕生活的具体保护区名字，否则用不了多久它们的窝也会引来很多偷采的人。

七洲列岛是位于文昌东北部海域七洲洋的一组群岛，由北士、南士、双帆、平士、丁士等7座礁岩小岛组成。这组小群岛因为多为岩石组成，植被状况也不太好，生长着一些海草桐、假杜鹃等小树和藤类植物、草本植物等。群岛上鸟类数量特别多，我们去的时候遮空蔽日的全是鸟在飞翔，岛上也有许多种海鸟在休息，主要是因为七洲洋海域鱼类数量多，为海鸟们提供了充足的食物，另外七洲列岛人迹罕至，为海鸟们提供了相对安全的栖息环境。还有一个奇特之处是有几

万宁外海的大洲岛金丝燕保护区
摄于2003年5月

个小岛的山体底部有天然的岩洞，比如双帆岛上的岩洞，高和宽都有十多米，一直贯通山体，洞内海浪汹涌，岩壁上栖息着很多贝类、螺类生物，我们驾船穿越时小船不时会碰到洞壁上，很是惊险刺激。

  位于三亚市西部海域的东锣岛和西鼓岛也是两个特殊的小岛。东锣岛在东，西鼓岛在西，两个小岛都不到一平方公里，距海岸线3－4公里不等，两个岛相距约3公里。东锣和西鼓岛虽小，但是它们的地貌特征却很特别，尤其是东锣岛。此岛都是由岩石组成，在南部有一片小小的沙洲海滩，可以停船和露营，环岛另分布着整体峭壁海岸、巨大光滑的岩石组成的海岸和由西瓜大小的鹅卵石组成的海滩。在这样小的一个岛屿上有这么多种地貌的海岸线，在海南海域并不多见。那些礁石上长满了牡蛎等贝类生物，爬满了有手掌大的红色的螃蟹，岛上树木稀疏，各种海鸟的数量也很大。岛上有一眼小小的淡水泉，可勉强饮用，旅游资源相当丰富。西鼓岛已稍稍进行了一些开发，有一座灯塔建在岛上，修筑了一条通往灯塔的小路。

海南渔民在西沙群岛中建岛海域生产 摄于1991年6月

金银岛风光 摄于1991年6月

西沙考察中,我和我们在中建岛捕获的大海龟在一起
摄于2003年5月

历时八年的海南岛周围海岛和西沙群岛海域海岛资源综合调查,第一次全面考察了当地岛屿和附近海域的自然环境生态状况,取得了大量的科学资料和数据,为日后各岛屿的保护、开发利用提供了科学依据,是一项艰苦而伟大的工作。我虽然没有能参加全部的科考活动,仅仅几次的随行采访却已经使我受益匪浅。1999年10月,海洋出版社出版了厚达10厘米的《海南省海岛资源综合调查专业报告》,成为我们此次科考调查活动最好的纪念。

南沙卫士　摄于永暑礁

# 南沙巡航

面积三百多万平方公里的浩瀚南海，是我们伟大祖国一片富饶美丽的海洋国土。这里的海域不仅栖息着品种多样数量巨大的海洋生物，而且蕴藏着十分丰富的石油和天然气资源，在我国21世纪的经济开发和建设中有着重要的战略地位。

在小学的地理教科书中我就学到，我们祖国最南端的国境线在靠近赤道的曾母暗沙。自从调任新华社海南分社记者以来，我常常看着地图上的曾母暗沙，遥想着自己何时才能亲自前往领略她的风采？

1992年元月，海南省作为主管南海海域和中沙、西沙、南沙和东沙群岛的我国一级地方政府，决定组织以省政府领导和驻军首长为首的大型慰问团赴南海海域巡视我海疆，慰问我驻守南海诸岛的解放军将士，并将在曾母暗沙举行中国主权碑投碑仪式。这对我来说是一个不可多得的赴南沙采访的绝好机会。因为当时的南沙海域和南海诸岛，都还是军事禁区，除了军用舰船飞机和经过有关部门批准的船只以外，一般人无法进入，更不可能登上岛礁。经过努力争取，我终于以随团记者的身份加入了这个慰问团，得以实现我向往已久的南沙之行。1992年1月11日，我们登上15000吨的"向阳红5号"科学考察船，迎来这等待已久的时刻。上午9点，在送行人群的欢呼声中，"向阳红5号"汽笛长鸣，徐徐驶出海南岛北部的马村港，向曾母暗沙驶去。

海南省副省长辛业江（右）和周坤仁少将在永暑礁为南沙纪念碑揭幕　　我们巡航南沙群岛的"向阳红5号"科考船

　　南海的冬季正是行船的好季节，风浪不大，天气相对凉爽。这次的巡视航行，比我1991年5月赴西沙群岛考察时的条件更好。我住在甲板二层的一个双人房间里，连空调都不用开，徐徐的海风吹来，令人十分惬意。船上的伙食也很好，每天中午和晚上都是四菜一汤，米饭馒头面条烙饼都有，后勤保障没问题。还有两艘军舰远远地跟随着我们的巡视船做护航保卫工作。

　　从海南岛到曾母暗沙，直线距离达1000多公里，海上航线距离则更远。上船安排好住处，我们来到甲板一层的大餐厅，听取此次航行的总指挥、国家海洋局南海分局党委书记兼海南省海洋局局长陆夫才同志和随行担任航行保障任务的海军南海舰队作战处、情报处两位处长的情况介绍，这对于我下一阶段的采访非常重要。

　　南沙群岛共有岛屿、沙洲、明暗礁等500多座，其中高潮时露出水面的只有36座。这些小岛虽然数量不多，面积不大，但它们扼守太平洋和印度洋之交通要冲，战略地位十分重要。同时，南海大陆架还是

巡视航行总指挥陆夫才在"向阳红5号"上介绍航行情况

亚洲最大的大陆架石油区，石油天然气资源储量预计达500余亿吨，是一个极具开发前景的海上大油田。

本来，南海诸岛属于中国这一事实在国际上并无异议，远在秦汉时代我国渔民就开始在这里进行捕鱼生产，公元627年，中国唐朝政府就设置了管理南沙事务的机构，以后历朝历代的中国政府都在这里行使着自己的职权。就连现在对南沙群岛和海域提出领土要求最无理、最迫切的越南，在1975年以前出版的官方地图、教科书以及4个政府白皮书中，也都承认南沙群岛是中国领土。近些年来，随着几次世界性能源危机的爆发，人们越来越认识到海洋石油资源的重要性，而南海大陆架油气资源的广阔前景就更加诱使周边国家对南沙群岛和海域纷纷提出自己的领土要求，并不顾中国政府的一再反对，疯狂抢占南沙岛礁和大肆开采油气资源。现在，越南已经抢占我岛礁27座，并在其上修建了飞机场和直升飞机起降点，派驻了军队防守；此外，菲律宾等国也都抢占了岛礁、派驻了自己的军队。这些国家不仅抢占我领

艰难的登艇过程（1）
执勤的守礁战士（2）
守礁战士配给的淡水（3）
守礁战士种植的蔬菜（4）

巡视航行总指挥陆夫才在"向阳红5号"上介绍航行情况

亚洲最大的大陆架石油区，石油天然气资源储量预计达500余亿吨，是一个极具开发前景的海上大油田。

本来，南海诸岛属于中国这一事实在国际上并无异议，远在秦汉时代我国渔民就开始在这里进行捕鱼生产，公元627年，中国唐朝政府就设置了管理南沙事务的机构，以后历朝历代的中国政府都在这里行使着自己的职权。就连现在对南沙群岛和海域提出领土要求最无理、最迫切的越南，在1975年以前出版的官方地图、教科书以及4个政府白皮书中，也都承认南沙群岛是中国领土。近些年来，随着几次世界性能源危机的爆发，人们越来越认识到海洋石油资源的重要性，而南海大陆架油气资源的广阔前景就更加诱使周边国家对南沙群岛和海域纷纷提出自己的领土要求，并不顾中国政府的一再反对，疯狂抢占南沙岛礁和大肆开采油气资源。现在，越南已经抢占我岛礁27座，并在其上修建了飞机场和直升飞机起降点，派驻了军队防守；此外，菲律宾等国也都抢占了岛礁、派驻了自己的军队。这些国家不仅抢占我领

艰难的登艇过程（1）
执勤的守礁战士（2）
守礁战士配给的淡水（3）
守礁战士种植的蔬菜（4）

土，而且立即开始抢夺南海的油气资源，他们已投入300多亿美元在南海进行油气开采，打出了数以百计的探井，仅去年（即1991年），越南在南海海域开采的石油就达500万吨。现在的南沙形势，用陆夫才的说话，就是：领土被侵占、海域被瓜分、资源被掠夺、民族被侮辱。在此情况下，我们的南沙之行更加显得意义重大。

船行海上，经过西沙群岛的永兴岛、中建岛等地，13日上午我们来到了南沙群岛渚碧礁海域。

在整个南海海域的几百座岛礁沙洲中，除台湾占领的太平岛以外，大陆目前占领的六、七座岛礁，是在礁盘的基础上用人工的方法加固成的人工陆地，渚碧礁也是这样。远远望去，它就像一座碉堡耸立在大海之中，而实际上，它们也确实是钢筋水泥的海上堡垒。全部钢筋水泥的结构，屋顶是瞭望台，下边是生活和工作区，两边是炮台，活动范围十分有限。我们的守礁战士就这样常年生活在碧海波涛中的人造小岛上，守卫着祖国的神圣领土。下午1点15分，"向阳红5号"在距渚碧礁2海里的深海区抛锚，我们开始登小艇上礁。根据我去年在西沙群岛采访考察时的经验，从大船上小艇是最危险的过程。因为在大海深处，即使是没有风浪的时候，海上的涌浪也可高达2、3米，大船放下钢制舷梯，小艇在涌浪起伏的海面上靠梯，涌浪来时小艇与梯子猛烈碰撞，极容易夹人手脚；涌浪去时，小艇与舷梯一下子又离开1、2米的高度，人也无法往下跳，只能在浪峰顶着小艇与大船的舷梯基本平齐的时候一步跨上去。这一"高难度"的动作，对许多第一次出海的人来说，真有些望而生畏，每登一次小艇，慰问团二十余人往往要用去近一个小时的时间。

上得渚碧礁，我们立刻沉浸在一片欢乐的气氛中：守礁的海军战士像见到久别重逢的亲人，拉着慰问团成员的手问长问短，向前来慰问的首长和大陆亲人表示热烈的欢迎。慰问团为战士们带来了礁上缺少的新鲜水果、蔬菜和大量书籍。趁文工团员们表演节目的时候，我开始抓紧时间了解礁上的基本情况。战士们的武器弹药保养得一尘

中国曾母暗沙主权碑投放仪式（1）
南海舰队政委周坤仁少将在中国曾母暗沙主权碑投碑仪式上讲话（2）
海南某海军基地副政委刘卫东少将在曾母暗沙投放主权碑（3）

南沙永暑礁

赤瓜礁

参加巡视的南海舰队政委周坤仁（右）和海南省军区司令员肖旭初（中）、海南某海军基地副政委刘卫东三位将军在赤瓜礁

航行总指挥陆夫才（中）、新华社记者田川（右）和我在主权碑投放仪式上

不染，内务整理得井井有条，他们还用从大陆带来的泥土在罐头盒、小花盆里种了一点蔬菜和太阳花，在厨房的后边用木板隔出一块两平方米见方的地方，竟还养着几头小肥猪。我觉得这更像是他们的宠物，不会舍得杀了吃的。渚碧礁礁长吴群仿中尉告诉我：礁上的生活单调艰苦，粮食和罐头多得是，最缺乏的是新鲜蔬菜和淡水，蔬菜还可以在瓶瓶罐罐里种一点，淡水则没办法自己解决了，日常的配给，每人x天只有25公升的一桶水，要用来洗脸刷牙和洗衣服，至于洗澡，那就只能等老天下雨了。不过生活虽然艰苦，可是我们的战士都是百里挑一的好战士，祖国人民可以放心，我们的责任就是牺牲奉献，我们脚下的国土一寸也不会丢失！面对这样的军人，我的心情只能用"肃然起敬"四个字来形容。

1月14日，原计划是登南熏礁，但因为海况突变，风大8级浪高四米，小艇无法与大船对接，慰问团改变计划，直接驶向曾母暗沙，去完成巡视海疆和投放主权碑的任务。

"向阳红5号"继续向南行驶，15日上午8点多，透过风雨交加的海面，我们远远看到两座海上钻井平台耸立在海面上，驶近再看，原来是外国的两座海上油井，一个正在钻探一个已经开始采油。此情此景，令我们感到压抑和气愤，恨不得生出一双巨手将它们连根拔掉！

外国在南海海域已经开始采油的海上油井设施

11点多，巨轮驶达北纬3度57分3秒、东经112度17分1秒的曾母暗沙海面，海上风浪依旧，可是云开日出，雨停了下来。庄严的中国主权碑投放仪式下午1点正式举行。"向阳红5号"宽敞的前甲板上，"中国曾母暗沙投碑仪式"的大红横幅高挂在驾驶台前，鲜艳的五星红旗迎风招展，旗下，两名威武的海军战士持枪护卫，参加巡视慰问团的100多名团员和工作人员在雄壮的国歌声中庄严肃立，巡视慰问团团长、海南省副省长辛业江说：站在这片辽阔的国土上，我们不能不深切缅怀千百年来为开发、保卫这片神圣国土而流汗、流血甚至献出生命的先人们，并对他们表示崇高的敬意！南海舰队政委周坤仁少将说：南海舰队在南沙群岛及其海域的主权斗争中，要严格训练，提高部队远海和抗登陆作战能力，提高军事技能，有效保卫南沙、保卫南海！在一阵阵"祖国万岁"的口号声中，辛业江、陆夫才、周坤仁等人将一块块刻有"海南省人民政府1992年1月"字样的石制主权碑投向37米深水下的曾母暗沙，我则不停地变换角度，将这一激动人心的时刻摄入镜头，凝固在胶片上。这是中国政府有史以来所派出的最高规格的政府官员来巡视我们的这片海洋国土，它显示了我国政府有决心有能力保卫和管理好这片自古以来就属于我们的神圣领土。仪式结束了，激动的人群不愿散去，我们展开一面长7米宽5米的巨大五星红旗，上百

我在南沙永暑礁

288

双手深情地把国旗的四边高高举起,"祖国万岁"的口号声响彻南海上空!

完成了在曾母暗沙的投碑仪式,"向阳红5号"继续巡视华阳礁、赤瓜礁、南熏礁、东门礁和南沙首府永暑礁。向北航行是逆风,大风不时卷起巨浪扑过船头,打上高高的驾驶台,船颠簸得很厉害,有些人晕船呕吐了,更多的人躺在床上吃不下饭。但是每当换小艇登礁慰问时,大家总是争先恐后,只怕总指挥不让自己去。我和总指挥陆夫才是多年的老朋友,再加上记者工作的需要,前后6次登礁慰问,每次都有我的份,还在1月17日一天中连续登上赤瓜礁和东门礁两座岛礁,成全了我登上南沙全部岛礁的心愿,令许多同行的人十分羡慕。

历时半个月、行程5800多公里的南沙之行结束了。然而美丽富饶的南海和令人钦佩的南沙卫士、南沙精神却时常浮现在我的脑海。围绕着南沙的主权归属斗争也远远没有结束。中国对南海拥有无可争辩的主权,为了维护和平、促进南海周边国家的合作,中国政府提出了"主权在我、搁置争议、共同开发"的主张,愿意以和平方式解决这一问题。但是,美好的愿望并不是现实,周边国家的贪婪行为已经破坏了南海的宁静。我们必须尽快用行动证明我们在南海的存在,才能有效捍卫祖国的主权。

海南岛西部的礁岩海岸线

# 踏访海岸线

海南岛是岛屿省份，环岛的海岸线是海南岛的重要生态系统和自然资源。据海南省海洋与渔业厅2011年的最新统计数据，海南岛海岸线总长为1823公里。

在海南岛工作，采访中经常会来到海边，有时是采访渔民的生活，有时是采访港口、码头的建设等等。二十几年的采访生涯中，我走遍了海南岛沿海每一个市县的海岸线，对其构成也有了基本了解。

海南岛的海岸线中，最常见的是沙滩海岸，从南到北的沿海都有分布，也是人们旅游时最常去的海边，比如有名的三亚大东海、亚龙湾等海湾；其次就是在这种沙滩海岸带开发的各种沿海养殖区域，环岛都有，数量很大；第三种是由天然岩石或卵石形成的海岸线，这种海岸线分布比较零散但景观独特，比如昌江县的棋子湾、文昌的铜鼓岭、万宁的大花角等地都有分布；还有一种就是分布于河流入海口附近的红树林海岸带，比如海口的东寨港、文昌的清澜港、临高的新盈湾等，是生物多样性最丰富的海岸带；最后就是人工海岸，如港口、码头和各类滨海旅游开发区。

海岸带环绕海岛，它不仅为人们提供了休闲、旅游、戏水的滨海旅游场所，更重要的是历经千万年的大自然洗礼，它们在不同的地区形成了最适合当地自然条件和海浪、潮汐等自然规律的海岸带种类，

陵水县未开发的原始河口海岸线

清澜港红树林海岸线

或为沙滩，或为礁岩，或为红树林，或为沼泽，为沿海陆地提供了相宜的保护。

2002年6月14日到16日，我跟随海南省探险协会组织的徒步海岸线活动，从昌江县海头镇的新港，向南沿着海岸线一直走到了昌化江入海口昌化镇，白天走路，晚上在海滩搭帐篷露营，三天时间沿着海岸线徒步行走了约60公里，其中大部分都是沙滩海岸带，也有棋子湾一带少量的礁岩海岸。当时，最深刻的印象就是在海岸带的防风林中，已经有人开始大规模地开挖池塘养虾，对防风林破坏严重，养殖场的废水也直接排入大海。

2006年6月，我和海南省人大组织的海防林检查组一起，从北部的海口、文昌市到南部的三亚市，对海南岛东海岸的海防林进行考察。在一个多星期的考察中，我们发现每个市县的沿海地区都有大量违规建设在海边的养虾塘；还有一些旅游开发区，也不顾一切地尽量把旅游设施建在靠近海边的地方，结果还不到一两年的时间，就被台风和海浪摧毁了。如万宁市神州半岛上的碧海情深海洋世界公园，侵占海防林地在海岸线上搞了许多建筑，2005年5月开张，不到一年时间大

万泉河入海口　　　　　　　　　　　　万宁市山根一带的沿海养殖场

量沿海建筑便被台风、海浪无情摧毁，鲨鱼、海豹等海洋动物全部逃跑，业主损失不小。

现在，在建设海南国际旅游岛的热潮中，沿着海南岛东海岸从北到南，海口湾、高隆湾、神州半岛、石梅湾、香水湾、清水湾、土福湾、海棠湾、亚龙湾、大东海、三亚湾、直到西部乐东县的龙沐湾等等，有名的优良海湾，几乎没有一个还能保持原始的自然状态，都已经被各种开发公司进行大规模开发建设，海岸线上到处是林立的楼房、酒店和别墅。为了营造"无敌海景"的效果，这些建筑有许多完全建在海边，没有防护林的保护，如果遇到大台风的侵袭，很难想象它们会变成什么样子。

沿海景观的盲目开发所造成的不良后果在海南并不罕见。曾经名扬全国的文昌东郊椰林落日景观，现在已经面目全非；前述的万宁市神州半岛上的碧海情深海洋世界公园也仅仅存在了不到一年时间，就被台风摧残。这些前车之鉴，应该引起开发商们的应有重视，要尊重自然规律而为，否则，违反自然规律的行为必将遭到大自然的惩罚。

万宁市沿海的卵石海岸线

上图为万宁市神州半岛上的碧海情深海洋世界公园建在海边的旅游设施。2005年4月摄。下图为同一公园建在海边的旅游设施被台风摧毁后的惨状。2006年6月摄

建在海边的高尔夫球场

三亚大东海滨海旅游区

三亚的滨海别墅

文昌市的椰子林海岸线　1998年摄

文昌市未开发的海湾　1998年摄

这是1989年拍摄的文昌东郊椰林落日，现在这一美景早已不复存在

我的工作照

# 作者手记

海南岛是中国唯一地处热带的岛屿省份。它的土地面积虽然只有三万四千多平方公里，是中国最小的省，但三百余万平方公里的南海海域在行政区划上隶属于海南省管辖，算上海洋国土，海南又是中国面积最大的省份。

热带，海洋，海岛，这是海南省最具特色的自然生态特点。

因为地处热带，海南岛生长着国内极为稀有的珍贵原始热带雨林。

因为管辖着广阔的海洋国土，海南省拥有丰富的海洋资源。

因为是海岛省份，海南岛生态环境具有不同于大陆地区的区域特殊性。

从1988年踏上海南岛以来，我始终把关注的目光放在这些独特的资源上，寻找和利用一切机会，参加研究讨论有关自然生态资源的会议、请教生态研究领域的专家学者、跟随各种自然资源考察队走进原野进行实地考察，对相关领域坚持了长期的学习和调查研究，进行了持续广泛的报道，对海南岛的自然生态渐渐有了自己的认识。

海南岛的生态系统复杂多样，生物多样性极为丰富，是中国重要的热带珍稀物种集中保存地。但另一方面，海南又具有岛屿生态环境普遍存在的脆弱性，比如岛上的原始热带雨林，纷繁茂密，景色壮观，植物生长的速度和栖息林中的动物的繁殖速度都很快，看似恢宏庞大不容易毁灭，但是热带雨林的高生产力是靠高效的生物循环维持的，而不是靠土壤的肥力储备维持，因而它的生态系统一旦遭到破坏，中断了循环系统中的某一些环节，就难以恢复；再比如海洋中的珊瑚礁，一旦遭到人为的采掘破坏，基本上很难自然再生，需要设置人工礁盘供珊瑚虫附着其上才有可能再生长。这些美丽而又脆弱的生态环境都需要我们人类的悉心呵护、不要破坏，才能够继续存在下去。现在，海南岛已经建立了陆地和海洋自然保护区共70余个，总面积达4200余万亩（其中森林系统保护区30个共360余万亩），为保护当地的珍贵自然资源创造了有利的条件。

海南岛的热带雨林、沿海红树林、海洋珊瑚礁等生态系统，具有精巧严密的结构和对自然资源的高效、充足的利用，其效率是自以为是的人类至今也无法企及的。我们人类还有许多知识需要向大自然学习，而不应该总是想着如何以自己的设想、观点为目标去改造自然。

在常年多次跟随各种科考队在海南岛的山山水水间进行原野生态考察的过程中，在各种环境生态研讨会上，我接触到许多饮誉中外的大牌科学家，比如生态学专家阳含熙、江爱良，森林生态学家蒋有绪，植物学家钟义，海洋学家张本，长臂猿专家托马斯，动物学家江海声，鱼类专家陈辈乐等，堪称我的良师益友。他们那渊博的专业知识、严谨的治学态度,那种平易近人、诲人不倦的学者风范,那种淡定而平和的生活态度,常常令我叹服,我从他们身上学到的不仅仅是他们在各自专业领域的知识,更有他们的人生态度,我至今对他们依然心存感激!是他们这种对事业的尊敬和执着的精神鼓励着我,让我一直努力克服困难,在履行新华社记者职责的同时,以强烈的社会责任感和公益心积极参与当地的环境保护事业,为推动海南的生态环境保护尽自己的一份绵薄之力。

2011年,中华书局出版了我的大型科普画册《海南岛热带雨林》;现在,我把自己二十多年来在海南岛参加野外自然生态考察的经历和见闻集结成册,仍然由中华书局出版。这既是中华书局对海南生态环境保护事业的大力支持,也是我自己莫大的荣幸。

姜恩宇
2014年3月

图书在版编目（CIP）数据

海南岛原野生态考察记 / 姜恩宇著. -- 北京：中华书局，2014.1
ISBN 978-7-101-09890-7

Ⅰ.①海… Ⅱ.①姜… Ⅲ.①生态环境－环境保护－研究－海南省 Ⅳ.①X321.266

中国版本图书馆CIP数据核字(2013)第298173号

| | |
|---|---|
| 书　　名 | 海南岛原野生态考察记 |
| 著　　者 | 姜恩宇 |
| 摄　　影 | 姜恩宇 |
| 责任编辑 | 朱振华 |
| 装帧设计 | 许丽娟 |
| 出版发行 | 中华书局 |
| | （北京市丰台区太平桥西里38号 100073） |
| | http://www.zhbc.com.cn |
| | E-mail:zhbc@zhbc.com.cn |
| 印　　刷 | 北京今日风景印刷有限公司 |
| 版　　次 | 2014年7月北京第1版 |
| | 2014年7月北京第1次印刷 |
| 规　　格 | 开本787×1092毫米　1/16　310幅图　120千字 |
| 印　　张 | 19.5 |
| 印　　数 | 1-3000 |
| 国际书号 | ISBN 978-7-101-09890-7 |
| 定　　价 | 86.00元 |